深部煤层开采覆岩空间裂隙场演化及其瓦斯运移规律研究

杨宏伟　著

中国矿业大学出版社

·徐州·

内 容 提 要

本书在总结和分析前人研究成果的基础上，以深部开采上覆岩层运动、覆岩空间结构、关键层等理论为指导，以数值模拟、相似模拟、微震监测、现场观测等为手段，对“S”形覆岩空间裂隙场(新老采空区覆岩裂隙形成的类似于“S”形的空间结构)的动态演化过程及其瓦斯运移规律进行了深入的研究，并提出了分时分区治理的瓦斯抽采优化措施，其研究成果对深部开采具有“S”形覆岩空间结构的工作面具有重要意义。

本书可作为从事岩层控制、瓦斯治理等工作的科研人员的参考用书，也可供煤矿现场工作人员在进行瓦斯治理工作时的参考用书。

图书在版编目(CIP)数据

深部煤层开采覆岩空间裂隙场演化及其瓦斯运移规律研究 / 杨宏伟著. — 徐州 ：中国矿业大学出版社，2018.10

ISBN 978 - 7 - 5646 - 4215 - 0

Ⅰ.①深… Ⅱ.①杨… Ⅲ.①煤矿开采－深层开采－裂隙(岩石)－孔隙演化－研究②煤矿开采－深层开采－瓦斯渗透－研究 Ⅳ.①TD313②TD712

中国版本图书馆 CIP 数据核字(2018)第 239755 号

书　　名 深部煤层开采覆岩空间裂隙场演化及其瓦斯运移规律研究
著　　者 杨宏伟
责任编辑 马晓彦
出版发行 中国矿业大学出版社有限责任公司
(江苏省徐州市解放南路　邮编 221008)
营销热线 (0516)83884103　83885105
出版服务 (0516)83995789　83884920
网　　址 http://www.cumtp.com　**E-mail**:cumtpvip@cumtp.com
印　　刷 江苏凤凰数码印务有限公司
开　　本 787 mm×1092 mm　1/16　**印张** 8.75　**字数** 167 千字
版次印次 2018 年 10 月第 1 版　2018 年 10 月第 1 次印刷
定　　价 34.00元

前　言

我国煤矿开采深度平均每年增加 10～25 m,煤矿相对瓦斯涌出量平均每年增加 1 m^3/t,地应力、瓦斯含量也随之增大,高突矿井的比例逐渐增大,深部煤层开采及其瓦斯治理技术研究成为当前的主导方向。许多专家学者对深井瓦斯灾害治理进行了大量的研究,取得了一定的成绩,但是由于深部开采次生灾害的复杂性,覆岩运动与瓦斯流动的结合尚需理论的支持和实践的验证,不同边界条件下瓦斯异常涌出的机理尚未得到合理的解释,因此研究单侧采空区工作面覆岩裂隙场与瓦斯流动场的耦合关系,可以为瓦斯抽采提供可靠的判据。本书从新老采空区覆岩裂隙沟通产生灾害的现象入手,对单侧采空工作面瓦斯灾害产生的机理进行了有益的探讨,并根据煤矿的具体条件进行了瓦斯灾害治理工作,为单侧采空深井工作面的瓦斯治理提供了一定的理论依据。

作者在撰写过程中查阅了煤矿岩层控制、瓦斯治理等方面的大量资料,同时参考了一些专家学者在覆岩结构、流体力学等方面的理论成果,并得到了北京科技大学姜福兴教授、何学秋教授,煤科集团沈阳研究院有限公司王魁军研究员、张兴华研究员、曹垚林研究员等的悉心指导,以及阜新矿业(集团)有限责任公司、平顶山煤业集团有限责任公司、山西晋城无烟煤矿业集团有限公司有关领导的大力支持。本书的出版得到了煤矿安全技术国家重点实验室的资助,同时感谢课题组成员高宏、钱志良、韩兵、陈波、范东阁等提供的帮助。

由于作者水平有限,书中难免存在不足之处,恳请广大读者批评指正。

著　者

2018 年 8 月

目　录

1 绪　论

我国的煤炭资源中有 2.95 万亿 t 埋藏在 1 000 m 以下，占煤炭资源总储量的 52%。目前，很多矿井都已进入深部开采阶段，据统计，我国已经有近 200 个矿井的采深超过了 800 m。深部开采容易诱发一系列重大灾害，如瓦斯异常涌出、煤与瓦斯突出、冲击地压等，特别是以上几种现象的叠加，已成为深部开采过程中的难题。因此，研究深部高强度开采条件下的重大灾害防治已经成为“十三五”期间及以后一段时间内的重大科技攻关课题。

瓦斯是煤的伴生品，也是制约煤矿安全生产的重要因素。通常情况下，瓦斯以吸附和游离两种状态赋存于煤层中，而在瓦斯灾害比较严重的矿井则以高压（瓦斯压力达到 6～7 MPa 以上）状态存在，如沈阳煤业（集团）有限责任公司的红菱矿瓦斯压力高达 6.5 MPa。在回采的扰动下，高压瓦斯发生解吸并向采空区或工作面释放，在具备爆炸极限条件之后，会发生瓦斯爆炸事故，造成人、财、物的损失。据统计，2012—2017 年，煤矿事故起数由 779 起减少到 219 起，下降约 71.9%；死亡人数由 1 366 人减少到 375 人，下降约72.5%；煤炭百万吨死亡率由 0.374 下降到 0.107。相应地，全国煤矿瓦斯事故发生起数和死亡人数也大幅下降，瓦斯事故起数由 2012 年的 17 次下降到 2017 年的 4 次，死亡人数由 2012 年的 164 人下降到 2017 年的 31 人，约分别下降了 76.5%和 81.1%。但瓦斯事故造成的死亡人数约占事故总死亡人数的 10%，可见，煤矿瓦斯事故仍然是当前煤矿安全工作的重中之重。因此，《煤炭工业发展“十三五”规划》已将“煤矿瓦斯突出机理”作为煤炭科技发展重点攻克的八项基础理论研究之一。《能源发展“十三五”规划》也将“深井灾害防治”作为能源科技创新重点任务进行集中攻关。

我国煤矿开采深度平均每年增加 10～25 m，煤矿相对瓦斯涌出量平均每年增加 1 m^3/t，地应力、瓦斯压力也随之增大，高瓦斯和煤与瓦斯突出矿井的比例逐渐增大，煤与瓦斯突出危险与冲击地压灾害耦合现象将会凸现，深部煤层开采及其瓦斯治理技术研究成为当前的主导方向。许多专家学者对于深井瓦斯灾害治理进行了大量的研究，取得了一定的成绩，但是由于深部开采次生灾害的复杂性，覆岩运动与瓦斯流动的结合尚需理论的支持和实践的验证，不同边界条件下瓦斯异常涌出的机理尚未得到合理的解释。

1.1 采动工作面上覆岩层运动的研究现状

矿山工程主要以采动的煤(岩)体为研究对象,采动过程中上覆岩层的运动对工作面的安全回采具有重要的作用,上覆岩层运动导致的煤与瓦斯突出、冲击地压、瓦斯异常涌出等灾害制约着煤矿的安全高效生产。因此,上覆岩层的运动规律是治理矿山动力灾害的理论基础。

德国学者W.哈克(W. Hack)等提出了压力拱理论,该理论较好地解释了工作面围岩支撑压力的存在机理。比利时学者A.拉巴斯(A. Labasse)提出了预成裂隙梁假说,该理论揭示了煤层及其顶板岩层超前支承压力作用下产生预成裂隙的机理,对矿山压力理论的发展起到了推动作用。钱鸣高研究了裂隙带岩层形成结构的可能性及其平衡的条件,提出了上覆岩层开采后呈砌体梁式平衡的结构力学模型,称为"砌体梁"结构,该模型对砌体梁全结构进行了力学分析,得出了砌体梁的形态和受力的理论解。他还提出了岩层控制的关键层理论,将对上覆岩层活动全部或局部起控制作用的岩层称为关键层,对上覆全部岩层活动起控制作用的称之为主关键层,对上覆局部岩层活动起控制作用的称之为亚关键层,覆岩中的亚关键层可能不止一层,而主关键层只有一层。其研究团队通过实践逐渐丰富和完善了基于关键层理论的矿压控制、瓦斯抽采、支护等技术体系。苏联学者T.H.库茨涅佐夫提出的铰接岩块学说认为,需控制的顶板由垮落带和其上的铰接岩梁组成;苏联工程师许普鲁特提出的压力拱假说认为,工作面在一个"前脚在煤壁、后脚在采空区"的拱结构的保护之下。这种观点解释了两个重要的矿压现象:一是支架承受上覆岩层的范围是有限的;二是煤壁上和采空区矸石上将形成较大的支承压力,其来源是控顶上方的岩层重量。宋振骐建立并完善了以岩层运动为中心,预测预报、控制设计和控制效果判断三位一体的实用矿压理论体系——"传递岩梁"理论。贾喜荣、朱德仁、蒋金泉将基本顶岩层视为四周为各种支撑条件下的"薄板",并研究了基本顶在煤体上方的断裂位置以及断裂前后在岩体内所引起的力学变化,顶板结构发展历程如图1-1所示。谢和平等将长壁工作面顶板划分成若干相互铰接的薄板,建立了薄板组力学模型。

基于"岩层质量的量变引起基本顶结构形式质变"的观点,姜福兴等提出了基本顶存在类拱、拱梁和梁式三种基本结构(图1-2),并提出了定量诊断基本顶结构形式的"岩层质量指数法"。

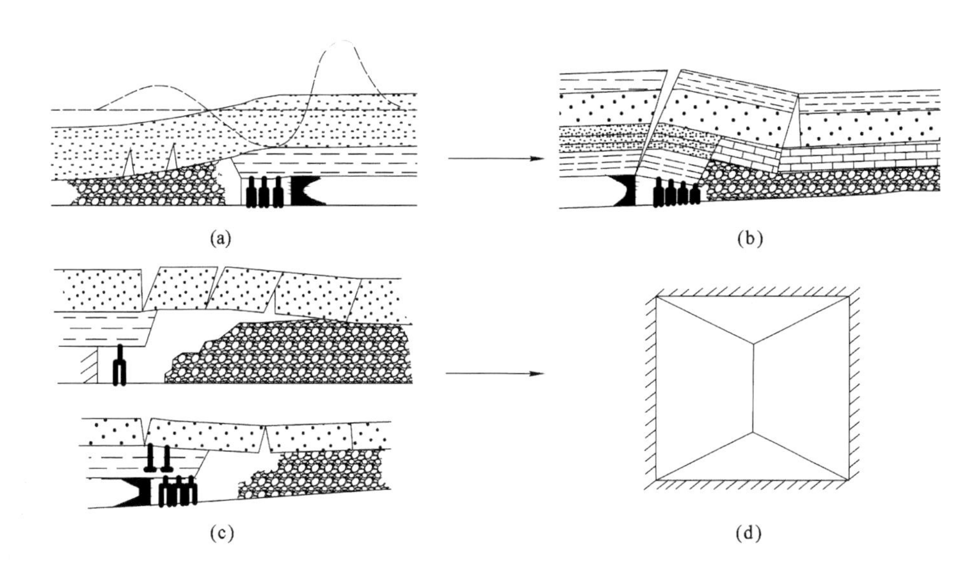

图 1-1 顶板结构发展历程图解

(a) 压力拱;(b) 库氏铰接岩梁;(c) 砌体梁与传递岩梁;(d) 岩板

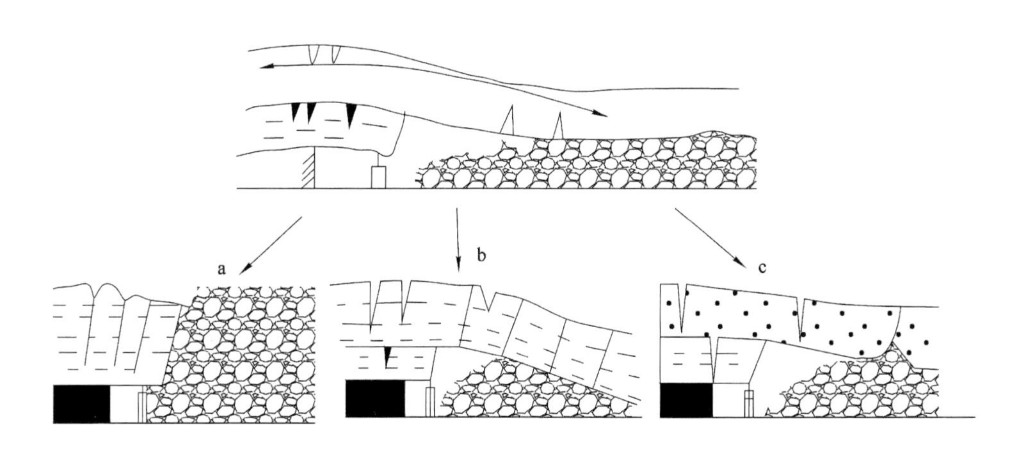

图 1-2 基本顶的三种基本结构

a——类拱;b——拱梁;c——梁式

姜福兴提出了覆岩空间结构理论。该理论认为,与事故相关的岩层运动与应力场的范围,在厚度方向上已经超出了一般概念下基本顶的范围(6～8倍采高),在层面方向上也超出了本工作面上、下平巷附近的范围;尽管采动应力场由岩层运动引起,但引起事故的主要根源是应力的突变,即工作面周围岩层运动灾害取决于采动应力的突然变化，而工作面内部顶板灾害取决于岩层的运动。控制采动应力变化的两个主要因素是：① 工作面的埋藏深度；② 工作面周围采动影响区内岩层空间结构的组成和运动。覆岩空间结构按空间形状分为"θ"形、"O"形、"S"形和"C"形四类。

（1）中间有支撑的"θ"形覆岩空间结构。

四面采空的孤岛工作面上覆岩层形成"θ"形覆岩空间结构，如图 1-3 所示。孤岛工作面主要是由于工作面地质条件复杂以及采掘接续紧张而进行跳采形成的结构，其中间煤体区是应力集中区，易发生冲击地压。

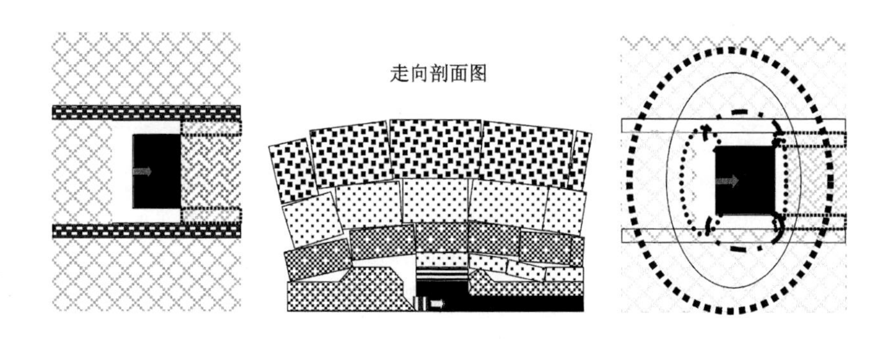

图 1-3　中间有支撑的"θ"形覆岩空间结构

（2）中间无支撑的"O"形覆岩空间结构。

中间无支撑的"O"形覆岩空间结构(图 1-4)一般在首采工作面产生，随着工作面的推进，这种覆岩空间结构的顶板将产生"O-X"形断裂，并呈周期性变化。

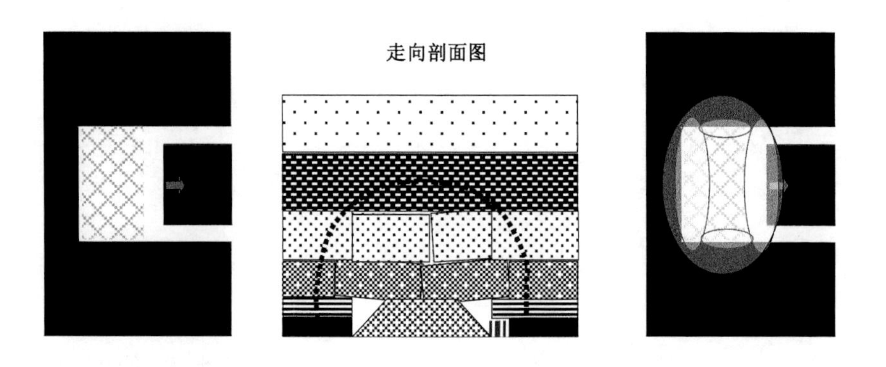

图 1-4　中间无支撑的"O"形覆岩空间结构

（3）"S" 形覆岩空间结构。

“S”形覆岩空间结构多形成于一侧实体另一侧采空的工作面。当本工作面的基本顶初次断裂完成后，其上位岩层将与上区段工作面的同层位岩层一起运动，即基本顶的上位岩层将连在一起运动，形成一个空间形态类似字母“S”的空间结构，称为“S”形覆岩空间结构，如图 1-5 所示。

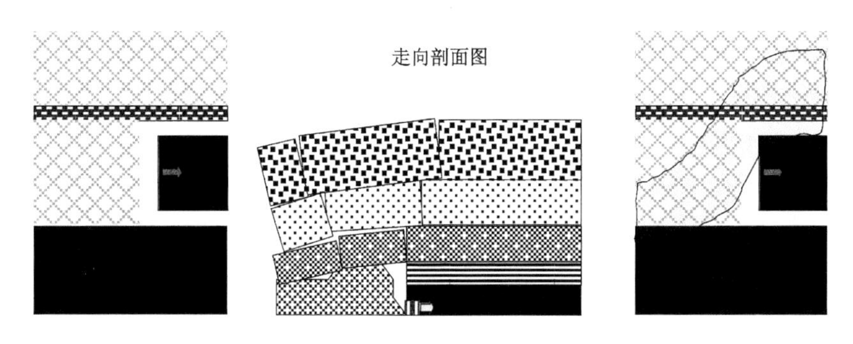

图 1-5 “S”形覆岩空间结构

(4) “C” 形覆岩空间结构。

三面采空的综采放顶煤孤岛工作面的三个采空区基本顶上方的岩层已经连成一片，形成了一个近似字母“C”形的空间结构，称为“C”形覆岩空间结构，如图 1-6 所示。

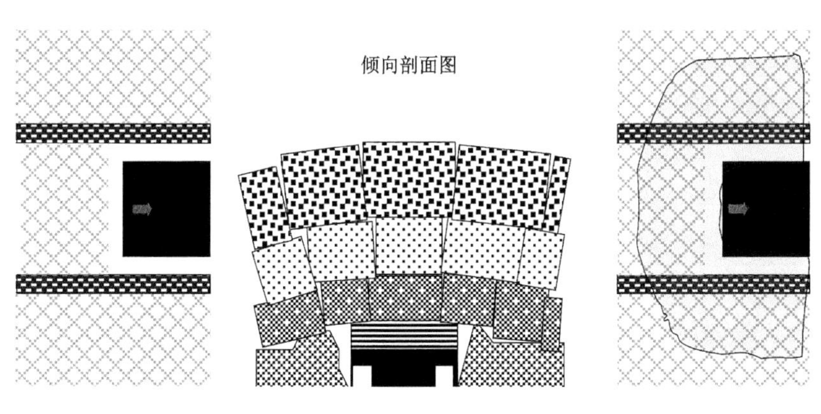

图 1-6 “C”形覆岩空间结构

1.2 采动裂隙场演化规律的研究现状

钱鸣高、许家林应用相似模型试验、图像元分析、离散元数值模拟等方法，提出煤层采动后上覆岩层采动裂隙呈两阶段发展规律并形成“O”形圈分布特征。关键层初次破断前，最大离层位于采空区中部；关键层破断后，采空区中部趋于压实，在工作面两侧靠近区段煤柱或实体煤一侧各自保持着离层区，离层呈跳跃式由下往上发展。将其用于指导卸压瓦斯抽采钻孔布置，并在淮北矿区卸压瓦斯抽采中得到应用，优化了卸压瓦斯抽采钻孔布置，减少了井巷工程量，提高了瓦斯抽采率。刘泽功基于煤层采动后上覆岩层所形成的“O”形圈分布特征，探讨了采空区顶板瓦斯抽采巷道的布置原则，并应用流场理论分析了实施顶板瓦斯抽采技术前后采空区等处瓦斯流场的分布特征。“O”形圈理论示意图如图 1-7 所示。

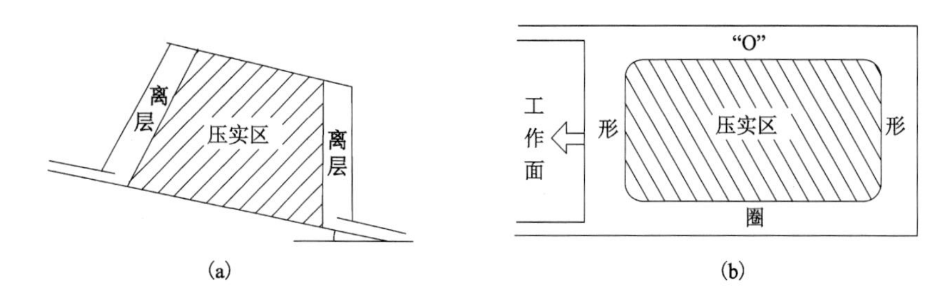

图 1-7 “O”形圈理论示意图

(a) 横向剖面图；(b) 平面图

李树刚提出，综放开采后，工作面上覆岩层中的破断裂隙和离层裂隙贯通后在空间上的分布是一个动态变化的采动裂隙椭抛带（图 1-8）；他分析了关键层位置与椭抛带形态的相互关系，论述了卸压瓦斯在椭抛带中的升浮-扩散运移理论。

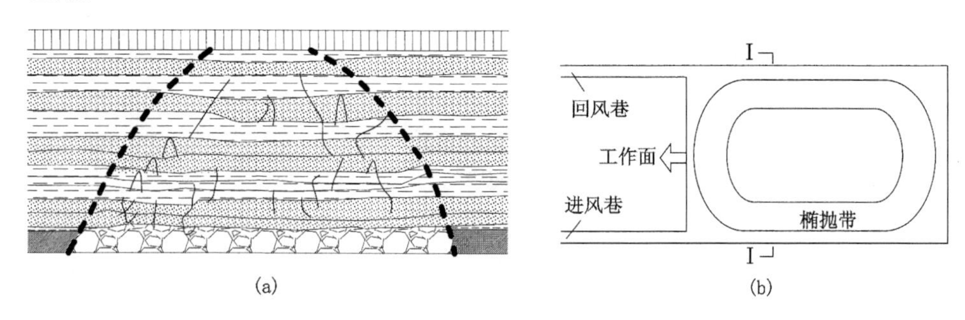

图 1-8 采动裂隙椭抛带

(a) Ⅰ—Ⅰ剖面图；(b) 平面图

姜福兴提出了采动覆岩结构的系统模型和系列模型的概念，将工作面开采后覆岩及底板分为表土区、缓沉区、裂隙区、顶板区和底板区，各区之间能够用相关参数联系起来。V. Palchik 等提出了长壁开采的三个移动带的概念。刘天泉较早地提出了“横三区”“竖三带”的说法，并进行了模型划分，经过其他专家学者的努力，“三带”论逐渐地发展起来。目前多数学者较认同的区带论与瓦斯涌出关系如图 1-9 所示。

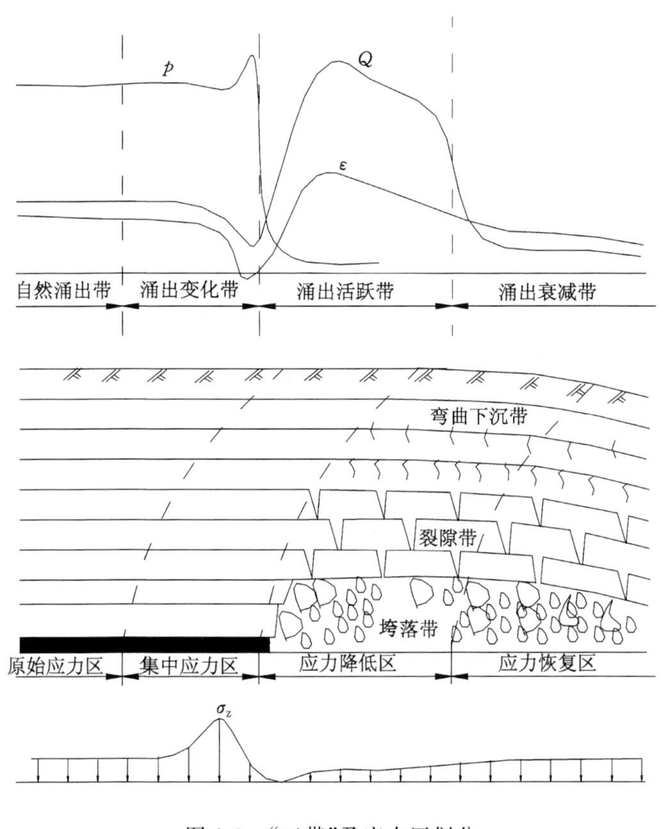

图 1-9 “三带”及应力区划分

许家林及其课题组从卸压瓦斯运移的角度将上覆“三带”划分为不易解吸带、卸压解吸带和导气裂隙带，如图 1-10 所示。吴仁伦、许家林以膨胀率达到 30%作为充分卸压的变形临界值，计算、拟合得出不同埋深条件下充分卸压的应力卸压程度临界值计算通式，确定了煤层群开采瓦斯卸压抽采“三带”范围中卸压解吸带的应力卸压程度指标；运用相似材料物理模拟和数值模拟，就覆岩关键层结构、工作面长度和煤层采高对“三带”范围的影响进行了研究。袁亮、林柏泉、王兆丰、王德明、缪协兴、程远平、俞启香、蒋曙光等也对矿井瓦斯卸压抽采理论及存在的问题进行了深入的分析和研究。

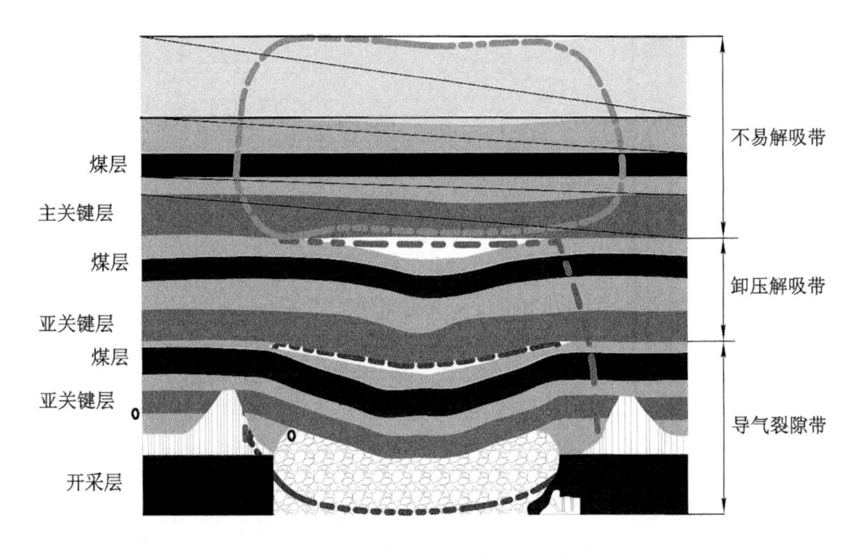

图 1-10　瓦斯卸压运移“三带”划分

1.3　瓦斯解吸运移理论的研究现状

瓦斯解吸运移理论有瓦斯扩散理论、瓦斯渗流理论、瓦斯渗流-扩散理论等主流理论，还有瓦斯越流的固流耦合理论、物理场效应的瓦斯流动理论、多相煤岩体瓦斯流动耦合理论等。

1.3.1　瓦斯扩散理论

杨其銮教授提出了煤屑瓦斯扩散理论，该理论认为煤屑内的瓦斯运移符合线性扩散定律。王佑安、朴春杰提出了采用煤体瓦斯解吸速度法计算煤层瓦斯含量，并给出了判断煤层突出危险性的煤解吸指标 Δh_2。聂百胜、何学秋、王恩元根据多孔介质中气体的扩散模式和煤体结构的特点，对煤体孔隙内瓦斯的扩散机理进行了分析研究，得出了煤体内瓦斯的 5 种扩散模式及其影响因素和适用条件。

1.3.2　瓦斯渗流理论

瓦斯渗流理论是目前国内外应用于瓦斯流动计算的主流理论。渗流主要分为层流和紊流两种形式，其中，层流又可分为线性渗透层流和非线性渗透层流。

1. 线性渗透层流理论

线性渗透层流理论认为，多孔介质内流体的运动符合线性渗透定律——达西定律。周世宁从渗流力学原理出发，把含有多孔介质的煤层看作一种大尺度上均匀分布的虚拟连续介质，提出了基于达西定律的瓦斯线性流动理论，创建了以达西定律为基础的对煤层有强吸附作用的瓦斯流动微分方程，奠定了国内瓦斯流动的理论基础。鲜学福、余楚新、谭学术在假设煤体中游离态和吸附态瓦斯分子相互转化的过程是完全可逆的基础上，建立了煤层瓦斯渗流基本控制方程和有限元分析的单元特征式，分析了矿山压力对煤体渗透参数的影响作用。

2. 非线性渗透层流理论

对于达西定律是否能够完全适用于多孔介质中的气体渗流问题，国外许多学者开展了大量的研究和考察工作。日本北海道大学的樋口澄志通过变化压差来测定煤样瓦斯渗透率，指出了达西定律不能完全符合煤体内瓦斯的流动规律，并通过试验提出了新的瓦斯流动规律——幂定律。姚宇平通过模拟研究和实测对比分析了达西定律和幂定律的适用条件。罗新荣通过研究地应力、孔隙压力以及瓦斯吸附对煤体透气性的影响分析了达西定律的适用条件，建立了包括地应力、孔隙压力以及克林伯格效应的煤层瓦斯运移本构方程。

1.3.3　瓦斯渗流-扩散理论

随着国内外大量科研人员对煤体瓦斯运移规律的不断深入研究，日趋形成了一种新的共识，即煤层内瓦斯的运移方式是渗流和扩散并存的。A. Saghfi 和 R. J. William 指出决定瓦斯在煤体内运移方式的主要因素是煤体的渗透率和扩散性，他们分别从扩散力学和渗流力学出发，以达西定律和菲克定律为依据，提出了瓦斯扩散方程和瓦斯渗流方程，并耦合得出瓦斯渗透-扩散的流动方程，建立了瓦斯渗流-扩散动力模型。

鲜学福、王宏图等通过研究地应力、地温和地电效应对煤层瓦斯渗流特性的影响，并通过建立煤层瓦斯运动方程、连续性方程、气体状态方程和含量方程，推导获得了考虑地应力场、地温场和地电场中的煤层瓦斯渗透率以及煤层瓦斯渗流方程。梁冰、章梦涛提出将瓦斯流动看作可变形固体骨架中可压缩流体的流动，得到了采动影响下煤岩层瓦斯流动的耦合数学模型。孙培德基于煤岩介质变形与煤层气越流之间存在着相互作用，提出了双煤层气越流的固气耦合的数学模型，并通过实测和数值模拟验证得出该理论是符合实际生产的。梁运培运用达西定律、理想气体状态方程以及连续性方程等，建立和求解了邻近层卸压瓦斯越流的动力学模型，分析了邻近层卸压瓦斯的越流规律。

1.4 瓦斯抽采研究现状

中华人民共和国成立以来，通过广大科技人员及煤矿职工的共同努力，我国成功试验了各种地质条件和开采技术条件下的瓦斯抽采方法。在铁法、阜新、抚顺、阳泉、松藻、淮南、平顶山、晋城等矿区，瓦斯抽采取得了很好的效果，其已成为煤矿生产工艺中一道不可或缺的环节，保障了矿井的安全生产，促进了煤炭行业的发展。由于我国煤田地质构造复杂，各矿煤层及瓦斯赋存状况存在着较大差异，因此每一种瓦斯抽采方法（技术）都有它的适用条件和工艺参数。只有条件合适、工艺参数科学合理、瓦斯抽采组织管理工作严密，煤矿瓦斯抽采工作才能取得保障安全生产的良好效果。

我国煤矿系统地连续抽采瓦斯是从 1952 年在抚顺龙凤矿建瓦斯抽采泵站开始的，20 世纪 50 年代仅有抚顺、阳泉、天府和北票的 6 个矿抽采瓦斯，瓦斯抽采量约为 60 Mm^3。20 世纪 60 年代，中梁山、焦作、淮南、松藻、峰峰等 20 个矿井相继开始抽采瓦斯。从 20 世纪 80 年代开始，我国抽采瓦斯的矿井数量迅速增加。1995 年，瓦斯抽采的矿井数达 149 个，瓦斯抽采量为 600.4 Mm^3。2002 年，抽采瓦斯的矿井数达 193 个，瓦斯抽采量已达 1 146.1 Mm^3[不含晋城地区 28 个地方煤矿的瓦斯抽采量（352 Mm^3）]，与 20 世纪 50 年代相比，抽采瓦斯的矿井数增加约 31 倍，瓦斯抽采量增加约 18 倍。据 2005 年统计数据，全国重点煤矿瓦斯抽采量已达 1 930 Mm^3，其中年瓦斯抽采量超过 50 Mm^3 的矿区有阳泉（199.8 Mm^3）、抚顺（127.6 Mm^3）、淮南（111.6 Mm^3）、松藻（92.7 Mm^3）、盘江（71.2 Mm^3）、铁法（63.5 Mm^3）和水城（59.5 Mm^3）等矿区。2010 年，年瓦斯抽采量超过100 Mm^3 的矿区超过了 10 个。

按照瓦斯抽采方式的进展阶段，我国煤矿瓦斯抽采技术发展可分为四个阶段：

（1）高透气性煤层瓦斯抽采阶段。

20 世纪 50 年代初期，在抚顺老虎台矿高透气性特厚煤层中采用井下钻孔预抽煤层瓦斯获得了成功，解决了抚顺矿区深部煤层开采安全的关键问题，而且抽采出的瓦斯可以作为民用燃料。但是在当时采用井下钻孔预抽煤层瓦斯的技术只适用于高透气性的特厚煤层，在其他矿区的低透气性煤层应用效果不理想。

（2）邻近层卸压瓦斯抽采阶段。

20 世纪 50 年代中期，在开采煤层群的矿井中，采用穿层钻孔抽采上邻近层瓦斯的试验在阳泉矿区首先获得成功，并在其他矿区得到了推广，解决了煤层群开采中首采工作面瓦斯涌出量大的问题。此阶段，通过大量的抽采试验得出，利用煤层开采后形成的顶、底板采动卸压作用对未开采的相邻煤层进行边采边抽可以有效地抽采出瓦斯，减少邻近层卸压瓦斯向开采层工作面的大量涌出。高抽巷抽采上邻近层瓦斯在阳泉矿区矿井试验成功，平均瓦斯抽采量达 17 m^3/min，抽采率达60%～70%。到了 20 世纪 60 年代，邻近层卸压瓦斯抽采技术已在南桐、天府、包头、北票、淮南等矿区不同煤层赋存条件下的上、下邻近层中得到应用。目前，邻近层卸压瓦斯抽采技术在我国已得到了广泛的应用和推广。

(3) 低透气性煤层瓦斯强化抽采阶段。

由于我国一些透气性较差的高瓦斯煤层和突出煤层预抽瓦斯效果不理想，治理低透气性煤层瓦斯成为新的课题。从 20 世纪 60 年代开始，通过试验研究了多种强化抽采煤层瓦斯的方法，如水力压裂法、水力割缝法、煤层注水法、松动爆破法、大直径(扩孔)钻孔法、预裂控制爆破法、交叉布孔法、网格式密集布孔法、空气弹造穴法等。在这些方法中，多数方法在试验矿区取得了提高瓦斯抽采量的效果。

自 20 世纪 70 年代起，我国先后在阳泉一矿、北龙凤矿、老虎台矿、寺河矿等进行了采用水力压裂法抽采煤层瓦斯的试验，多数钻孔产气量为 200～600 m^3/d，初始产气量为 1 000～2 700 m^3/d；产气量的大小和维持时间的长短取决于煤层的渗透性，一般可维持 1～5 年。

(4) 瓦斯综合抽采阶段。

从 20 世纪 80 年代开始，随着综采放顶煤采煤技术的发展和应用，采区巷道布置方式有了新的改变，采掘推进速度加快、开采强度增大，使工作面绝对瓦斯涌出量大幅度增加，尤其是有邻近层的工作面，其瓦斯涌出量的增长幅度更大。为了解决安全高效工作面瓦斯涌出量大的问题，必须结合矿井的地质条件、瓦斯赋存规律、井巷开拓方式等实施瓦斯综合抽采技术，即把开采煤层瓦斯采前预抽、卸压本煤层瓦斯边采边抽、卸压邻近层瓦斯边采边抽和采空区瓦斯采后封闭抽采等多种方法在一个采区内综合使用，在空间和时间上为瓦斯抽采创造更多的有利条件，使瓦斯抽采量及抽采率达到最高。

本书共筛选 45 种煤矿瓦斯抽采方法(表 1-1)，这些方法可以作为各矿选用瓦斯抽采方法的依据。

表 1-1　　煤矿瓦斯抽采方法筛选汇总表

类别	煤矿瓦斯抽采方法名称
一、开采煤层瓦斯抽采方法	1. 立井揭煤层超前钻孔预抽瓦斯方法 2. 矿揭煤层超前钻孔预抽瓦斯方法 3. 煤巷掘进预抽(排)瓦斯方法 4. 煤巷先抽后掘抽采瓦斯方法 5. 穿层钻孔大面积预抽瓦斯方法 6. 顺层上向钻孔预抽瓦斯方法 7. 顺层下向钻孔预抽瓦斯方法 8. 顺层走向水平钻孔预抽瓦斯方法 9. 顺层变形网状钻孔抽采瓦斯方法 10. 边掘边抽卸压瓦斯方法 11. 边采边抽卸压瓦斯方法 12. 开采上保护层抽采开采煤层(被保护层)瓦斯方法 13. 开采下保护层抽采开采煤层瓦斯方法 14. 混合式抽采上、下保护层瓦斯方法 15. 水力压裂强化抽采开采煤层瓦斯方法 16. 水力割缝强化抽采开采煤层瓦斯方法 17. 预裂控制爆破强化抽采开采煤层瓦斯方法
二、邻近层卸压瓦斯抽采方法	1. 平行穿层钻孔抽采上邻近层瓦斯方法 2. 迎面斜交钻孔抽采上邻近层瓦斯方法 3. 顶板走向长钻孔抽采上邻近层瓦斯方法 4. 地面垂直钻孔抽采上邻近层(含采空区)瓦斯方法 5. 走向高抽巷抽采上邻近层瓦斯方法 6. 倾斜高抽巷抽采上邻近层瓦斯方法 7. 走向高、中、低位抽瓦斯巷相结合的抽采上邻近层瓦斯方法 8. 下向孔抽采下邻近层瓦斯方法 9. 上向孔抽采下邻近层瓦斯方法
三、围岩瓦斯抽采方法	1. 邻近层围岩瓦斯抽采方法(与邻近层瓦斯抽采相结合) 2. 钻孔抽采地质构造裂隙带瓦斯方法 3. 钻孔抽采围岩孔洞(溶洞)瓦斯方法 4. 密闭瓦斯喷出巷道抽采围岩瓦斯方法

续表 1-1

类别	煤矿抽采瓦斯方法名称
四、采空区瓦斯抽采方法	1. 回风巷布孔抽采垮落拱(带)瓦斯方法 2. 回风巷抬高钻场布孔抽采垮落拱(带)瓦斯方法 3. 低位专用抽瓦斯巷抽采采空区垮落拱(带)瓦斯方法 4. 密闭回风巷横贯插管抽采采空区积聚瓦斯方法 5. 密闭尾巷抽采采空区积聚瓦斯方法 6. 埋管抽采采空区积聚瓦斯方法 7. 顶煤专用巷道抽采采空区积聚瓦斯方法 8. 顶煤专用巷与埋(插)管相结合抽采采空区积聚瓦斯方法 9. 钻孔(井下钻孔及地面钻孔)抽采老采空区积聚瓦斯方法 10. 密闭插管抽采老采空区积聚瓦斯方法 11. 回风隅角工作面瓦斯抽采方法
五、瓦斯综合抽采方法	1. 综合抽采多瓦斯源方法 2. 开采煤层全过程综合抽采瓦斯方法 3. 综合抽采多个邻近层瓦斯方法 4. 综合抽采采空区瓦斯方法

1.5 微震监测研究现状

微震监测技术是近年来从地震勘查行业演化和发展起来的一项跨学科、跨行业的技术。采用微震监测技术可以监测空间结构的形成过程和范围，进而确定顶、底板破裂范围和程度，可以根据破裂场的分布，优化瓦斯抽采孔的布置参数。微震设备采集井下数据，微震数据软件可以简洁、直观地展示监测结果，为采矿工程师应用地球物理结果提供了有效的手段。国外微震监测技术主要应用于石油开采、冲击地压治理等方面，澳大利亚、美国、德国、南非、波兰、加拿大、德国、法国、英国、印度等国家都进行了微震监测方面的研究。我国微震监测技术发展较晚，20 世纪 70 年代初才从国外引进，目前国内使用的进口微震监测系统主要来自波兰、加拿大、美国等国家。北京科技大学微地震研究中心姜福兴教授带领的课题组经过十几年的潜心研制，独立研发了具有完全自主知识产权的 BMS 高精度微震监测系统，并结合国家课题开展了关于冲击地压、岩爆、矿震、底板突水、顶板溃水、煤与瓦斯突出、矿柱破裂、失稳断层活化灾变、工作面顶板的异常来压等方面的研究，研究成果被成功地应用于华丰矿、塔山矿、龙固煤矿、演马庄煤矿、梧桐庄煤矿、梁宝寺煤矿、济宁三号煤矿、南屯煤矿、北徐楼煤矿等数十个煤矿。

2 深部煤层开采工作面“S”形覆岩空间裂隙场形成机理研究

深部煤层开采单侧采空工作面在塑性区段煤柱及沿空掘巷条件下，新老采空区覆岩易在工作面开采区域区段煤柱及上方沟通，工作面面临水和瓦斯灾害的威胁，尤其是瓦斯异常涌出，大量的卸压瓦斯经过区段煤柱裂隙进入新采空区，进而通过回风隅角进入工作面回风巷，增大了风排瓦斯的难度，同时也增加了瓦斯爆炸的风险。因此，作者研究此现象的生产机理及相应的防治措施具有一定的现实意义。

2.1 “S”形覆岩空间裂隙场的演化机理

随着单侧采空工作面的推进，工作面上方断裂线和采空区覆岩触矸线之间存在大量的裂隙，而其裂隙水平形态近似英文字母“S”，因此称之为“S”形覆岩空间裂隙场，如图 2-1 所示。根据微震监测结果和现场观测，单侧采空工作面采动过程中，“S”形覆岩空间裂隙场动态发展，逐层向上发育，在采空区一次见方的时候形成“S”形结构，之后逐步断裂，在二次见方的时候完成一次彻底断裂，形成“S-S”形断裂以后随着工作面的推进而进行周期性演化。

上覆岩层多层空间结构包括现有工作面回采过程中形成的动态覆岩空间结构和采空一侧形成的覆岩空间结构，采动过程中覆岩整体运动，形成新的空间大结构。上覆岩层的整体运动决定了“S”形覆岩空间裂隙场的形成特征，其特征主要为两个：一是单侧采空区工作面的边界条件决定了其边缘形态特征；二是上覆岩层的整体运动决定了其空间裂隙形态。

“S”形覆岩空间裂隙场纵向的第一组坚硬岩梁（关键层）是基本顶，N 组坚硬岩梁的断裂、沉降是由下至上逐步发展的。随着时间的推移，N 组坚硬岩梁的断裂呈台阶式逐层发展，但总体上具有连续性；在空间上，N 组坚硬岩梁的断裂步距呈现不规则发展，这是由坚硬岩梁本身的厚度、强度以及与之共同沉降的各岩层的物理性质决定的。

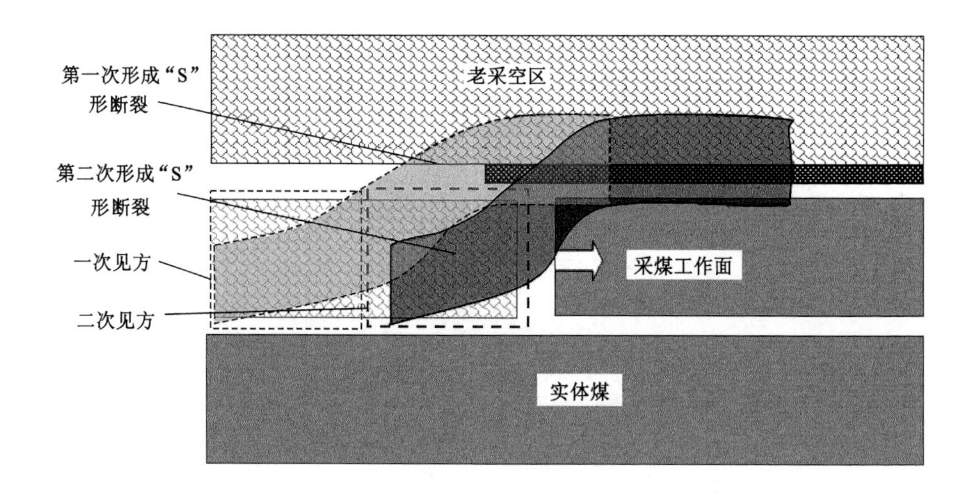

图 2-1 “S-S”形断裂

随着深部煤层开采，瓦斯含量增大，地应力显现，井下新老采空区覆岩裂隙相互导通，瓦斯在压力梯度或者浓度梯度的作用下，向裂隙带内移动。研究“S”形覆岩空间裂隙场的意义是：上覆岩层运动的动态性导致了瓦斯运移的间歇性，瓦斯涌出有其活跃期和低谷期，在合适的时间加强瓦斯抽采，会提高瓦斯抽采效率。

2.2 “S”形覆岩空间裂隙场空间组成特征

“S”形覆岩空间裂隙场沿水平方向上可以分为“S”形头部区、“S”形轴部区和“S”形尾部区。“S”形头部区处在老采空区上方，主要是上一工作面采动留下的永久裂隙和本工作面推进对老采空区覆岩裂隙的扰动影响产生的活化裂隙。受采动的影响，老采空区内的瓦斯在浓度梯度的作用下扩散到工作面或上覆离层裂隙带内。“S”形轴部区的位置在新、老采空区覆岩沟通区域，并跨越区段煤柱区，区段煤柱在高垂直应力、低侧向应力的作用下破碎、离层和沉降。轴部区是主要的瓦斯运移通道，也是瓦斯治理的重点区域。

“S”形覆岩空间裂隙场是断裂线和触矸线之间的空间区域，而断裂线和触矸线由多组抽象的台阶上升的梯形线组成，如图 2-2 所示。“S”形覆岩空间裂隙场主要由新老采空区覆岩的沟通区域和部分工作面覆岩裂隙构成。其立体结构在工作面范围内，远离工作面的区域，此区域的触矸线远离工作面。而断裂线距离工作面较近，上覆岩层裂隙范围集中在老采空区一侧，区段煤柱破裂后的灾变对工作面影响较大，水或瓦斯对工作面构成威胁，如图 2-3(a)所示；靠近工作面的区域，此区域触矸线靠近工作面，而断裂线远离工作面，煤体上覆岩层产生大量的裂隙，也是“S”形覆岩空间裂隙场的轴部区，是瓦斯运移的主要通道，如图 2-3(b)所示；在采空区一侧，靠近工作面的区域，此区域断裂线接近采空区，而触矸线在采空区一侧，大部分覆岩裂隙产生在采空区上方，此处是高浓度瓦斯溢出的通道，如图 2-3(c)所示；远离工作面一侧的区域，断裂线和触矸线都在采空区上方，裂隙场也集中在采空区上方，工作面推过之后，低位岩层经历了裂隙发育闭合，高位岩层依然存在大量的后生裂隙，如图 2-3(d)所示。

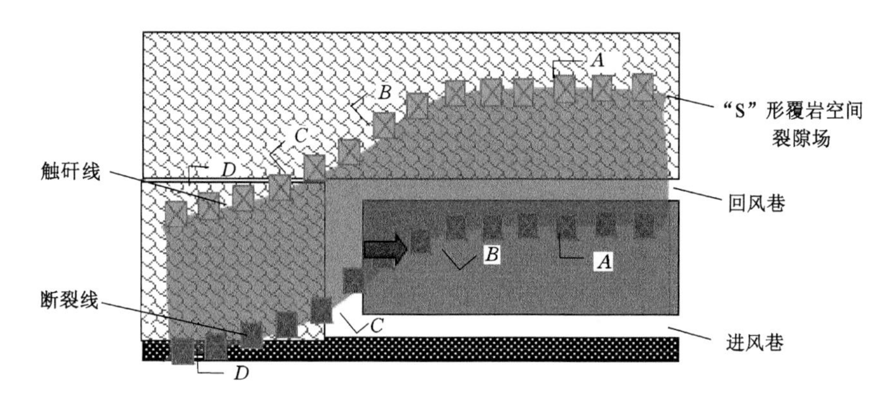

图 2-2　“S”形覆岩空间裂隙场平面模型图

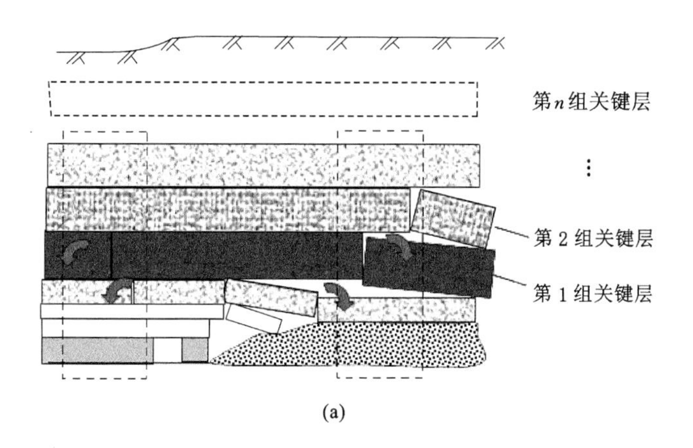

图 2-3　“S”形覆岩空间裂隙场剖面结构示意图

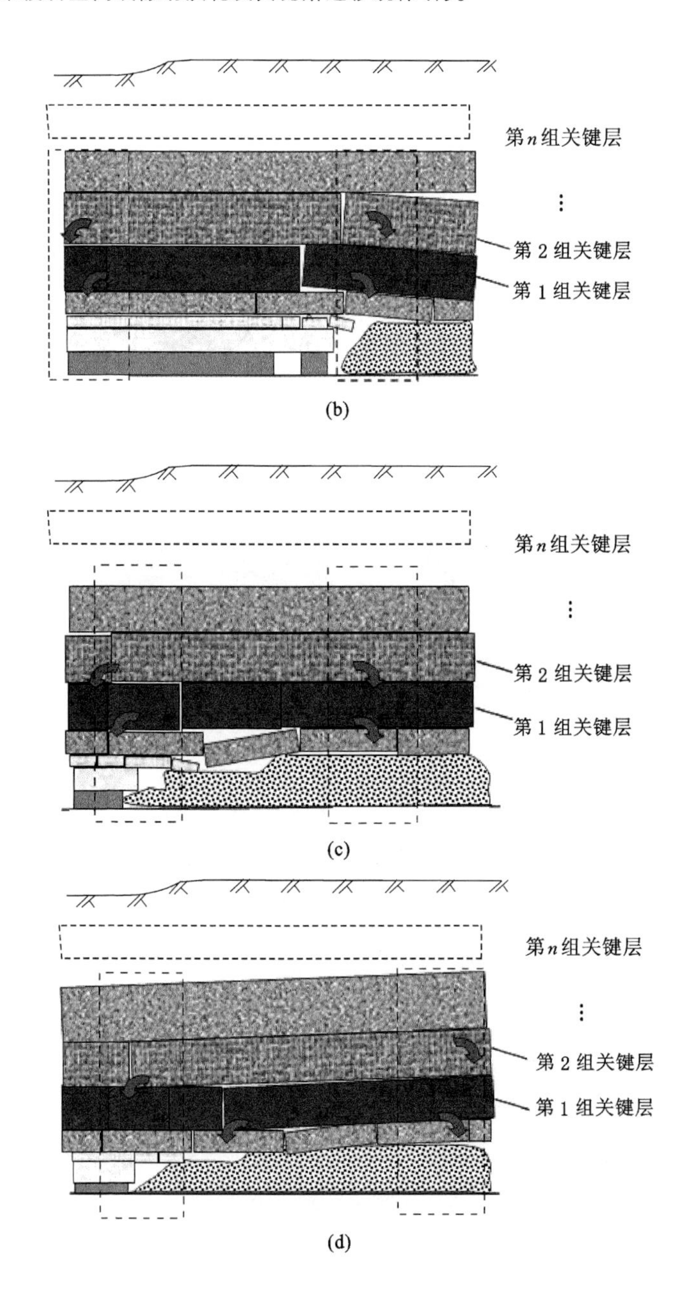

图 2-3 “S”形覆岩空间裂隙场剖面结构示意图(续)

(a) $A—A$ 剖面;(b) $B—B$ 剖面;(c) $C—C$ 剖面;(d) $D—D$ 剖面

2.3 “O”形圈理论发展的“S”形覆岩空间裂隙场观点

“O”形圈理论认为随着工作面的推进，采空区顶板形成O-X断裂，四周形成永久裂隙区，采空区中间经历了垮落、压实的过程。

“S”形覆岩空间裂隙场的观点是在深部开采条件下，塑性区段煤柱在高垂直应力、低侧向应力的作用下破坏，区段煤柱失去了承载能力，老采空区覆岩形成的O-X断裂裂隙与新采空区覆岩形成的O-X断裂裂隙相互沟通。工作面回采初期，区段煤柱还具有承载能力，随着工作面的推进，尤其是在基本顶来压之后，“O”形覆岩空间裂隙场开始向“S”形覆岩空间裂隙场转化，到达见方阶段“S”形覆岩空间裂隙场首次形成。“O”形圈理论揭示了首采工作面或者受单侧采空影响较小工作面的顶板裂隙形态特征，“S”形覆岩空间裂隙场揭示了受单侧采空影响的工作面的覆岩空间裂隙形态特征，如图2-4所示。深部开采条件下，其裂隙发育范围也远超顶板范围或者是6～8倍采高范围，“S”形覆岩空间裂隙场观点可以为地面钻孔抽采、高抽巷抽采、高位钻孔抽采等措施的参数量化提供理论依据，是在总结了前人研究成果的基础上得出的。

2.4 微震揭示的“S”形覆岩空间裂隙场分布特征

作者所在的课题组采用微震监测技术对多个单侧采空工作面进行了监测，通过对大量微震数据进行分析得出，在单侧采空工作面，微震事件大多分布在采空区一侧和上面建立的“S”形覆岩空间裂隙场模型(图2-2)在平面上具有相同的形态，利用微震监测手段可以描述裂隙场的发育范围。

2.4.1 微震监测技术的基本原理

微震监测技术是近年来从地震勘查行业演化和发展起来的一项跨学科、跨行业的新技术。微震监测技术的基本原理是：岩石在应力作用下破裂并产生微震和声波，能量以震动和声波的形式向周围传播；通过在采动区顶板和底板内布置多组检波器来实时采集震动数据，由于震源与检波器间的距离不同，震动波传播到检波器的时间也不同，因此，检波器上的到时是不同的。根据各检波器不同的到时差进行震源定位和能量计算，经过数据处理后，应用震动定位原理对岩层破裂位置进行准确定位，并在三维空间显示出来。

实践表明，回采过程中，微震事件与工作面围岩的破裂一一对应，一般而言，随着工作面的推进，工作面围岩的破裂规律性地向前发展，微震事件的分布也随

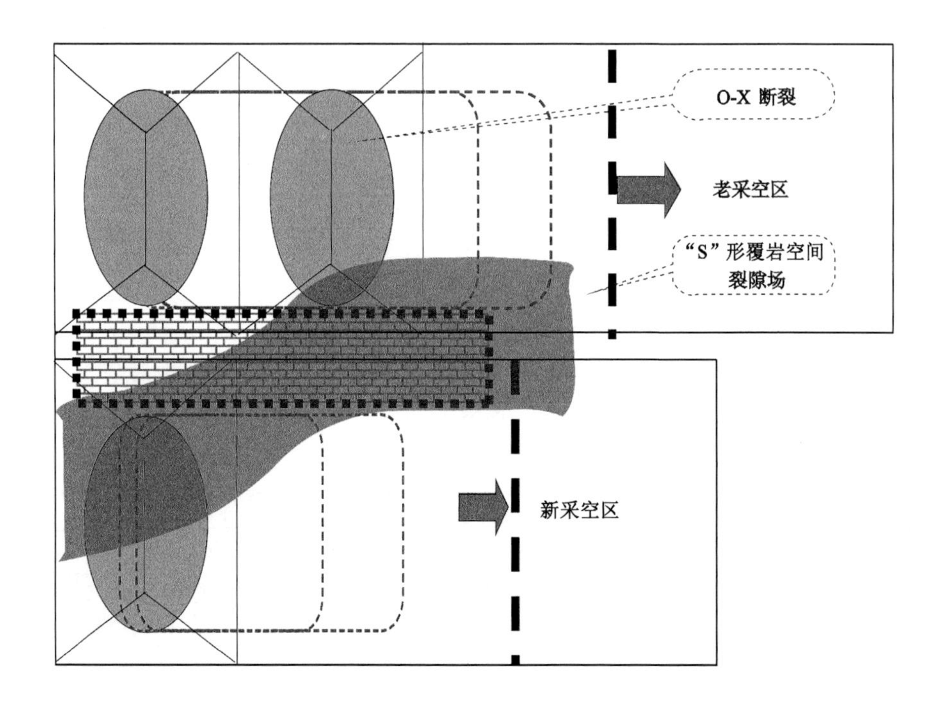

图 2-4 新老采空区覆岩形成的 O-X 断裂及“S”形覆岩空间裂隙场

之规律性地向前推进。当微震事件在工作面范围内的某一区域内积聚时，其在这一区域以外没有或很少出现。

微震监测技术是深入研究岩层破裂发展规律的有效手段，结合岩层运动理论，可以得到岩层运动的规律。在瓦斯治理工程领域，微震监测技术可以用于确定邻近层瓦斯抽采的钻孔参数设计［根据煤（岩）体的破裂范围］、预测瓦斯涌出和运移的通道［根据煤（岩）体的破裂过程和程度］和预测煤与瓦斯突出动力现象。

2.4.2 微震数据与应力场的关系

在一定条件下矿山压力将会导致岩层破裂，形成一定的微观和宏观的岩层破裂场。岩层破裂场可以用微震监测系统得到的监测结果进行定量描述，一般岩层破裂发生在应力差大的区域，因此，岩层破裂区域总是与高应力差区域相重合，并与高应力场区域相接近。由此可见，只要监测到了岩层破裂区域，即可得到高应力场区域和高应力差区域。

工作面推进过程中，其走向支承压力曲线的高峰位置总是位于煤（岩）体塑性区前方，即煤（岩）体的破裂区滞后于支承压力高峰位置。此外，微震点是岩体破裂的直接表现形式，二者之间有着对应关系，即微震点的集中分布区域与煤(岩)体破裂场重合。图 2-5 中，H_1 为应力高峰点与破裂集中区之间的距离，H_2 为煤壁到破裂集中区之间的距离。由此可以得到微震事件分布场与应力场之间的关系，如图 2-6 所示。

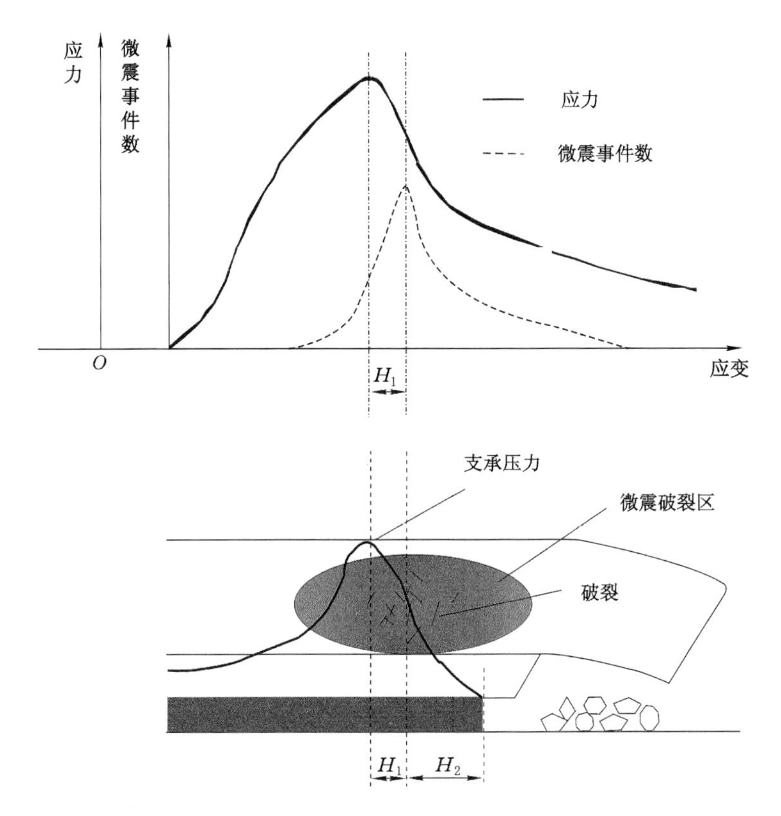

图 2-5 微震监测技术监测到的围岩破裂与高应力及煤岩强度关系的示意图

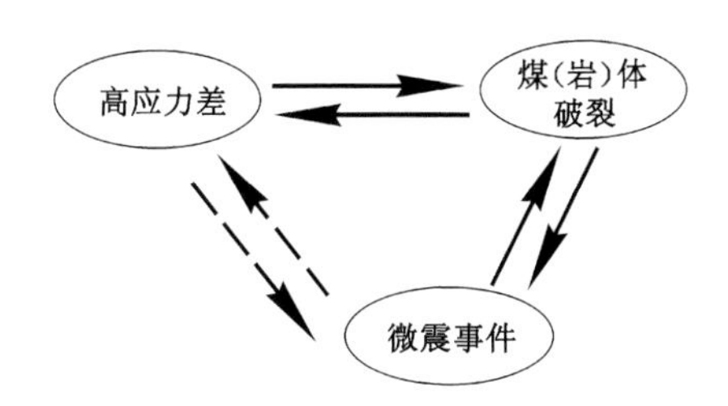

图 2-6 基于微震事件、煤(岩)体破裂与应力场的关系

微震事件集中分布在工作面超前支承压力和侧向支承压力峰值带附近（高应力差区域）以及采空区及区段煤柱中。微震事件分布特点从不同的侧面反映了工作面的采动应力分布及岩层运动规律，这些结论将根据数值模拟和相似模拟的结果进一步得到验证。通过高精度微震监测技术成果结合相似模拟、数值模拟、现场观测等方法，能够研究单侧采空工作面覆岩运动规律。

基于微震监测分析煤（岩）体应力场的原理：高应力差导致煤（岩）体破裂，产生微震事件；反之，根据微震点的分布特征可以描述煤（岩）体裂隙场，进而可以分析煤（岩）体应力场分布特征。

2.4.3 “S”形覆岩空间裂隙场微震监测结果分析

图 2-7～图 2-9 是朝阳煤矿、演马庄煤矿和鲁西煤矿微震数事件分布图。由图 2-7～图 2-9 可知，微震事件的分布具有分带性，根据微震事件分布特点可以确定裂隙场的范围。微震事件分布偏向于采空区一侧，断裂线和触矸线之间的范围积聚了大量的微震事件，固定工作面微震事件构成的形态特征呈“S”形分布，微震的监测结果揭示了“S”形覆岩空间裂隙场的存在，且为后续对“S”形覆岩空间裂隙场的数值分析及“S”形覆岩空间裂隙场的瓦斯运移规律研究奠定了基础。

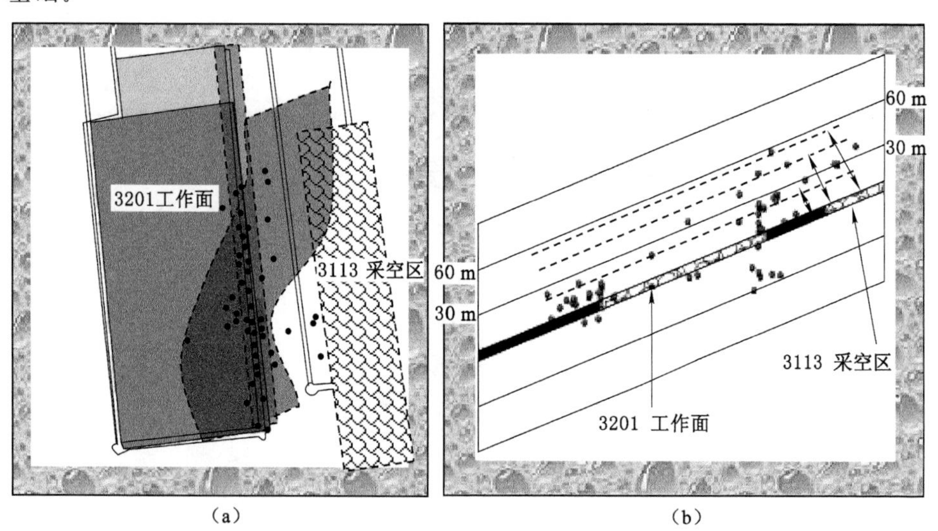

图 2-7　朝阳煤矿 3201 工作面微震事件分布图

(a) 大能量微震事件平面图；(b) 所有能量微震事件剖面图

注：图片引自作者所在课题组科研项目“朝阳煤矿冲击地压预测预报与防治技术研究”。

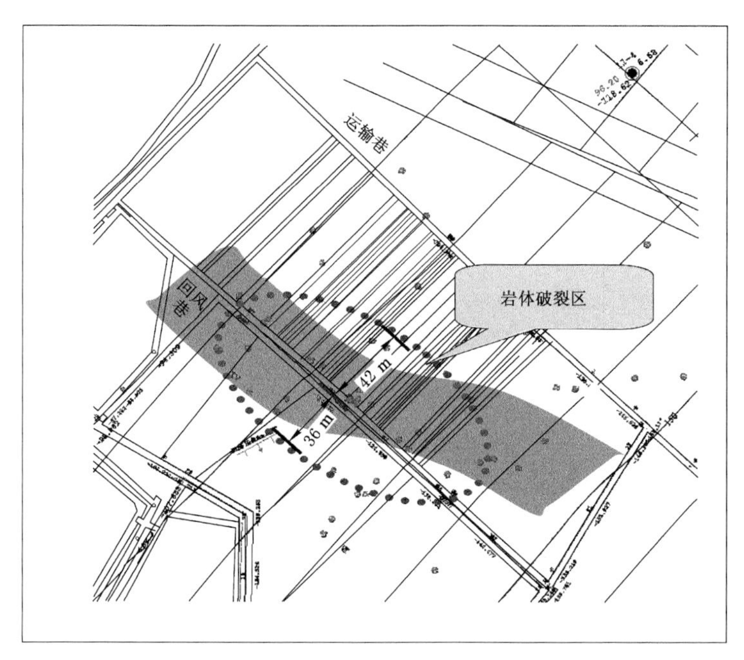

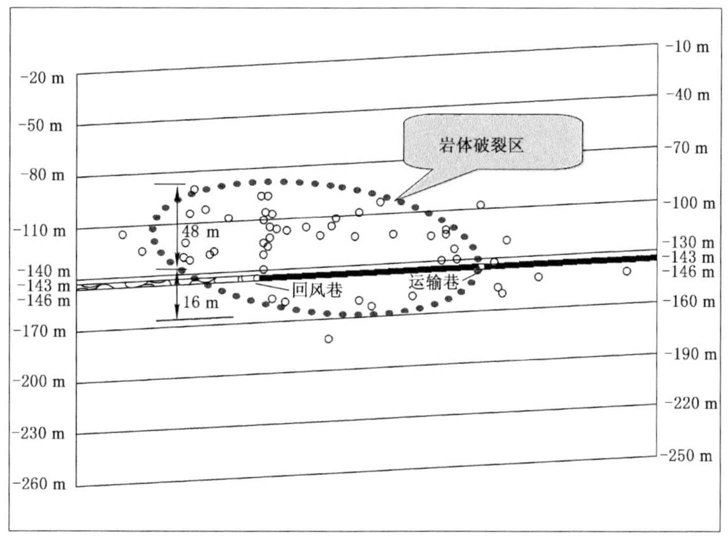

图 2-8 演马庄煤矿 24111 工作面微震事件分布图

注:图片引自作者所在课题组科研项目“演马庄煤矿 24111 工作面微地震监测研究”。

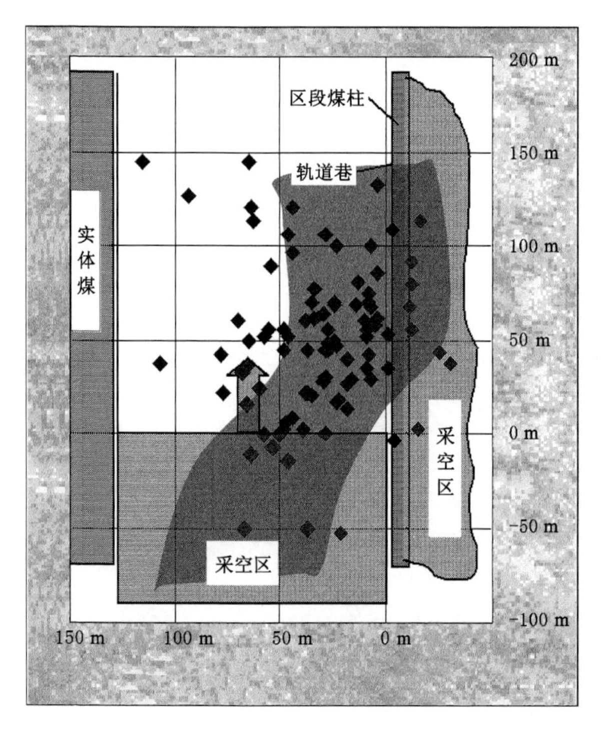

图 2-9　鲁西煤矿工作面微震事件分布图

注：图片引自作者所在课题组科研项目“鲁西煤矿微地震监测研究报告”。

3　深部煤层开采"S"形覆岩空间裂隙场的数值模拟研究

本章应用三维快速拉格朗日分析软件（FLAC^{3D}软件）和矿山压力理论研究"S"形覆岩空间裂隙场的采动空间分布特征。在煤层开采过程中，因采动卸压作用，处于卸压范围内的围岩将通过采动裂隙网络与开采层的采空区覆岩相连通，形成采动裂隙带，该区域是煤矿瓦斯抽采的重点区域。通过"S"形覆岩空间裂隙场的数值模拟研究寻求瓦斯抽采空间的边界条件，从而指导瓦斯抽采工作。

3.1　数值模拟软件简介及理论基础

3.1.1　数值模拟软件简介

FLAC^{3D}软件是国际通用的岩土工程专业分析软件，具有强大的计算功能和广泛的模拟能力，尤其是在大变形问题的分析方面具有独特的优势。FLAC^{3D}软件提供的针对岩土体和支护体系的各种本构模型和结构单元更突出了该软件的专业特性，因此该软件在国际岩土工程界非常流行，在国内也得到了日渐广泛的应用。

FLAC^{3D}软件可以模拟由土、岩石和其他在到达屈服极限时会发生塑性流动的材料所建造的建筑物和构筑物。该软件将计算区域划分为若干四节点平面应变等参单元，每个单元在给定的边界条件下遵循一定的线性或非线性本构关系，如果单元应力使得材料屈服或产生塑性流动，则单元网格及结构可以随着材料的变形而发生变化。在求解过程中，该软件又采用了离散元的动态松弛法，不需求解大型联立方程组，没有形成矩阵，因此不需要占用太大内存空间，便于计算。拉格朗日算法非常适合于模拟大变形问题，FLAC^{3D}软件采用了显示有限差分格式来求解控制微分方程，并应用了混合单元离散模型，可以准确地模拟材料的屈服、塑性流动、软化直至大变形，尤其是在材料的弹塑性分析、大变形分析和模拟施工过程等方面有其优点。20 世纪 90 年代初，我国引进该软件，该软件在岩土工程领域应用较广泛，而后应用于采矿工程领域，在分析采煤工作面开采大变形领域作出了巨大贡献。

3.1.2 数值模拟软件应用的理论基础

$FLAC^{3D}$软件的基本原理即是拉格朗日法。拉格朗日法最初应用于流体力学领域，用于研究每个流体质点随时间变化的状态，即研究某一流体在任一时间段内的运动轨迹、速度、压力等特征。把拉格朗日法移植到固体力学领域，研究的区域划分为网格，其节点就相当于流体质点，然后按时步用拉格朗日法来研究网格结点的运动。

拉格朗日法的计算循环如图 3-1 所示。假定某一时刻 t 各个节点的速度为已知(图 3-1 的左下角)，则根据高斯定理可求得单元的应变率，进而根据材料的本构关系求得各单元新的应力，通过节点周围的单元对应力围线积分，求得节点上的不平衡力；同样，$t+\Delta t$ 时刻各节点的不平衡力也可以求得；再根据运动定律计算各节点在 $t+\Delta t/2$ 时刻的加速度，计算回到图 3-1 左下角，然后再按时步 Δt 进行下一轮的循环。

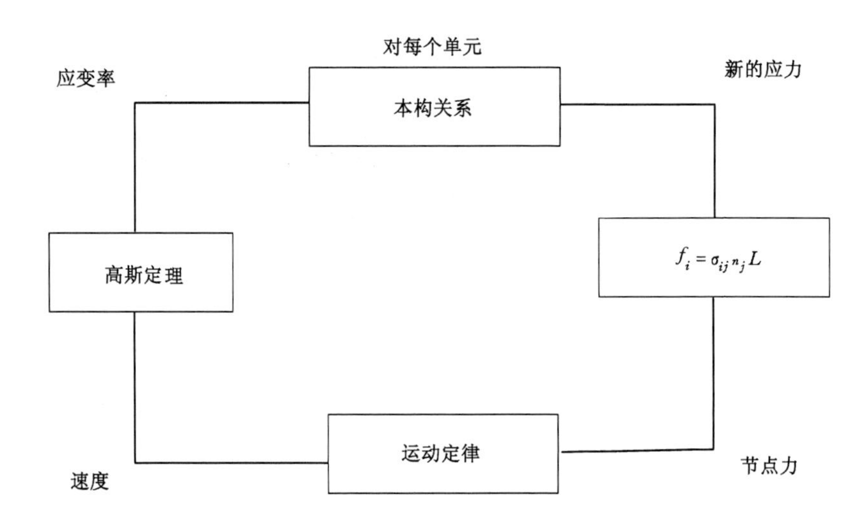

图 3-1 拉格朗日法的计算循环图

应变张量由增量形式表示为：

$$\Delta e_{ij}=\frac{1}{2}\left[\frac{\partial u_i}{\partial x_i}+\frac{\partial u_j}{\partial x_j}\right]\Delta t \tag{3-1}$$

式中 Δe_{ij}——增量的张量，$i,j=1,2$；

u_i,u_j——节点的速度分量；

x_i,x_j——节点的坐标；

Δt——时步。

为提高求解的精度，将一个四边形以左右两条对角线分为四个三角形，每个三角形设定为常应变，四边形的应变取此四个三角形应变的平均值。

根据高斯定理，对于函数 f 有：

$$\int_A \frac{\partial f}{\partial x_i}\mathrm{d}A=\int_S f n_i \mathrm{d}S \tag{3-2}$$

式中 A——单元的面积；

S——边长；

n_i——外法线的方向余弦。

则：

$$\int_A \frac{\partial u_i}{\partial x_i}\mathrm{d}A=\int_S u_i u_j \mathrm{d}A \tag{3-3}$$

由此可求得其他分量的值，将这些值代入式(3-3)中则可求得应变增量。于是可以根据材料的本构关系求解应力增量为：

$$\Delta\sigma_{ij}=f(\Delta e_{ij},\sigma_{ij},\cdots) \tag{3-4}$$

式中，f 表示本构关系的函数，它与应变增量、原有的全应力以及材料常数有关。

在 t 和 $t+\Delta t$ 时间的各节点之间不平衡力都可以按同法求得，节点在 t 和 $t+\Delta t/2$时的加速度，可由下面的差分格式求出：

$$u_i(t+\Delta t/2)=u_i(t-\Delta t/2)+\frac{F_i^{(t)}}{m}\Delta t+g_i \tag{3-5}$$

按时步 Δt 进行下一轮的循环，如此计算一直到问题收敛，如发生塑性流动问题本身就不收敛，此时可以跟踪塑性流动的过程。

根据岩石力学试验结果，当载荷达到强度极限后，岩体产生屈服，在峰后塑性流动过程中，岩体残余强度随着变形发展逐步减小。采用摩尔-库仑屈服准则判断岩体的破坏，即：

$$f_s=\sigma_1-\sigma_3\frac{1+\sin\varphi}{1-\sin\varphi}-2c\sqrt{\frac{1+\sin\varphi}{1-\sin\varphi}} \tag{3-6}$$

式中 σ_1,σ_3——最大主应力和最小主应力；

c——黏聚力；

φ——内摩擦角；

f_s——破坏判断系数。

当 $f_s>0$ 时，材料将发生剪切破坏。在通常应力状态下，岩体的抗拉强度很低，因此可根据抗拉强度准则（$\sigma_3 \geqslant \sigma_T$）判断岩体是否产生拉伸破坏。

3.2 数值模拟模型的建立

3.2.1 模型设计原则

（1）模型的设计应当便于进行模拟计算，既要考虑实际情况，又要考虑计算机的容量。

（2）矿体开挖是一个空间问题，应当选择合适的边界条件。

（3）考虑到工程实际误差，在能够反映实际大变形的前提下，对一些模型细节进行简化。

3.2.2 模型参数

根据阜新五龙矿 3322 综放工作面的地质资料建立三维快速拉格朗日法计算模型，见图 3-2。模型高度为 375 m，长度为 800 m，宽度为 520 m。3322 工作面煤层埋深为858～1 000 m，平均埋深为 950 m，如图 3-2 所示。考虑到 3322 工作面上覆煤层（孙本层）已经开采，应当充分考虑开采对岩体物理性质的影响，对弹性模量、抗拉强度等进行了一定的折减，并参考文献[102]的成果，得出相关岩层折减后的岩体力学参数（表 3-1）。

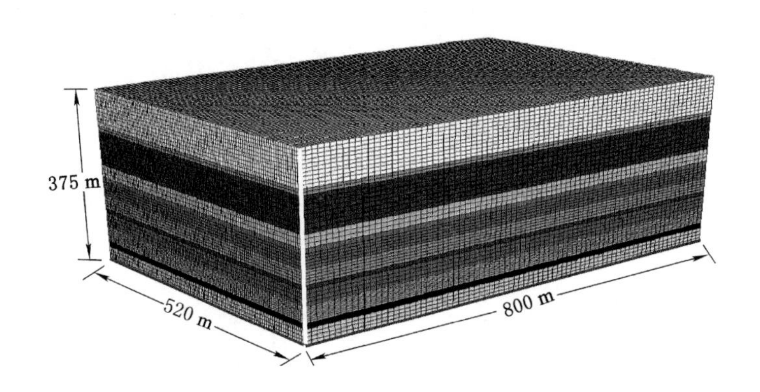

图 3-2 三维快速拉格朗日法计算模型

表 3-1　　模型岩体力学参数

岩层名称	厚度/m	弹性模量/GPa	泊松比	黏聚力/MPa	内摩擦角/(°)	抗拉强度/MPa
粉砂岩	54.5	14.83	0.26	2.55	54	2.13
粉砂岩、砂页岩	30.8	14.83	0.26	2.55	54	2.13
煤	2.8	4.31	0.22	0.89	40	1.68
泥岩、粉砂岩	53.2	10.21	0.25	2.23	40	1.94
泥岩、粉砂岩	32.2	10.21	0.25	2.23	40	1.94
煤	8.9	5.39	0.26	0.91	40	1.71
泥岩、砂页岩	17.9	6.14	0.23	1.67	38	1.83
粉砂岩	28.3	9.23	0.24	2.55	40	1.98
砂页岩	30.0	14.36	0.23	0.73	35	2.21
煤	9.0	5.39	0.26	0.91	40	1.79
砂岩、细砂岩	31.8	15.59	0.27	2.40	41	2.28
细砂岩	20.8	10.03	0.24	9.86	42	1.87
粉砂岩、泥岩	11.6	9.23	0.23	4.30	38	2.13
煤	12.2	5.45	0.26	0.91	41	1.81
粉砂岩	31.5	9.23	0.22	4.30	41	2.17

3.2.3　模型边界条件

计算模型边界条件如图 3-3 所示。

(1) 模型四周施加水平约束；

(2) 模型底部固定；

(3) 模型顶部为自由边界；

(4) 将地应力各个分量在模型走向方向上进行分解，对模型网格的节点进行应力的初始化。在模型网格节点初始化的基础上，利用地应力分解后的各个分量在各水平模型上施加载荷，在模型上部边界施加 15.6 MPa 的等效应力。

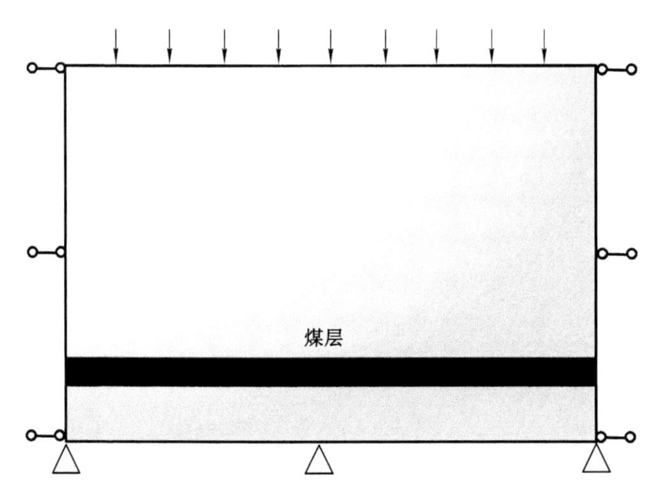

图 3-3　边界条件模型示意图

3.3　“S”形覆岩空间裂隙场的形态特征

3.3.1　“S”形覆岩空间裂隙场的水平形态特征

图 3-4～图 3-7 是“S”形覆岩空间裂隙场水平破裂区形态特征分布图。由图 3-4～图 3-7 可知：当工作面推进 40 m(初次来压)时，新老采空区覆岩破坏区已经局部沟通，水平形态近似“S”形，工作面尖角处于高应力区尚未完全破坏；当工作面推进60 m(第一次周期来压阶段)时，“S”形覆岩空间裂隙场水平形态的外沿特征趋于圆润化，新老采空区覆岩在工作面开采的扰动下，产生应力场的叠加，老采空区覆岩的破坏区也同时增大；当工作面推进 150 m(一次见方阶段)时，“S”形覆岩空间裂隙场在垂直和水平方向形成了一次完整的周期，垂直方向接近了破坏区的最大值，即裂隙场在垂直高度上向上趋于缓和，而在水平方向上随着工作面的推进呈周期性发展；当工作面推进 300 m(二次见方阶段)时，“S”形覆岩空间裂隙场产生水平方向上的扩容，说明深部开采在高垂直应力、低水平应力的作用下横向破坏较大，易产生水平破坏区扩容。

“S”形覆岩空间裂隙场的水平形态特征随着工作面的推进和新老采空区覆岩裂隙的沟通呈周期性发展，逐步形成“S”形覆岩空间结构。

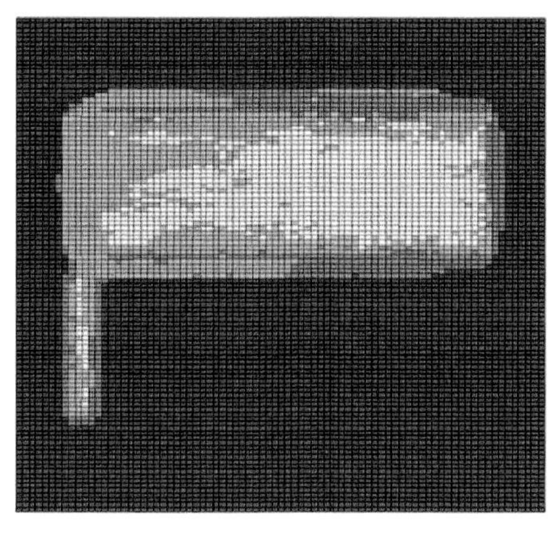

图 3-4 工作面推进 40 m 时水平破裂区形态特征分布图

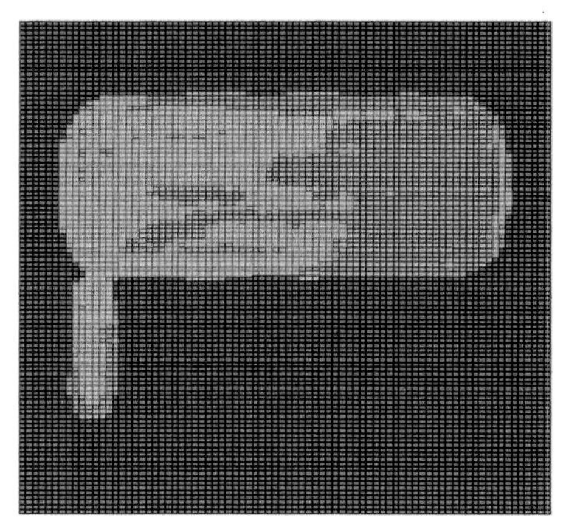

图 3-5 工作面推进 60 m 时水平破裂区形态特征分布图

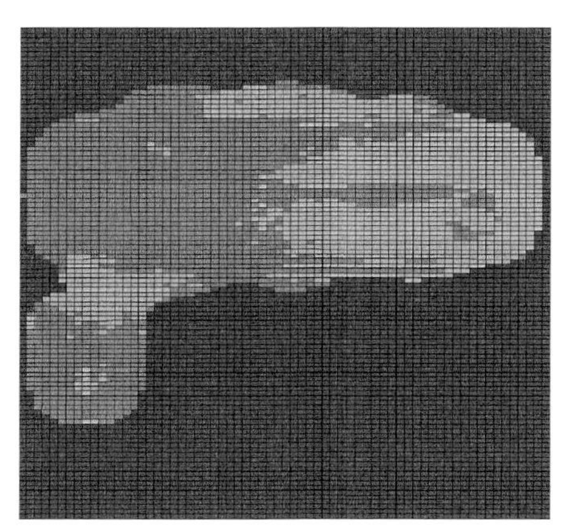

图 3-6 工作面推进 150 m 时水平破裂区形态特征分布图

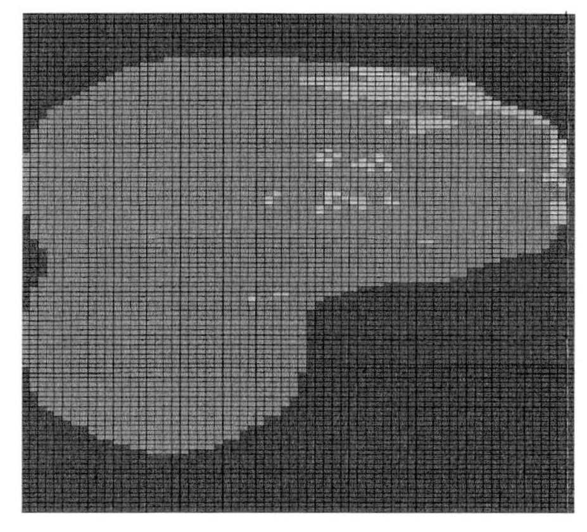

图 3-7 工作面推进 300 m 时水平破裂区形态特征分布图

3.3.2 “S”形覆岩空间裂隙场的垂直形态特征

图 3-8～图 3-15 是“S”形覆岩空间裂隙场垂直破裂区形态特征分布图。由图 3-8～图 3-15 可知，从切眼开始塑性区范围逐渐扩大，两个采空区覆岩由各自的单破坏结构到最后形成一个大的破坏结构，新老采空区覆岩裂隙完全沟通。

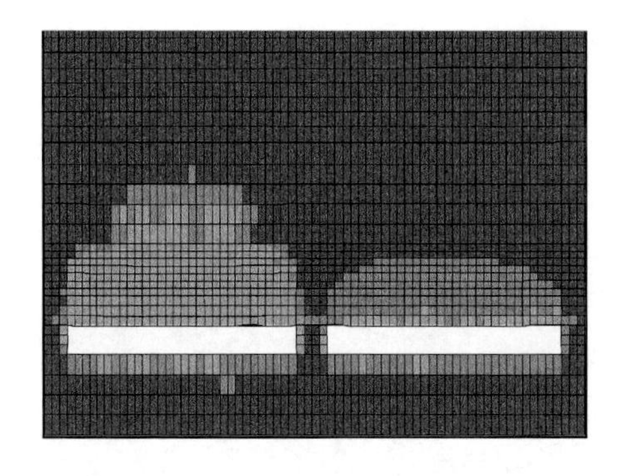

图 3-8　工作面推进 10 m 时垂直破裂区形态特征分布区

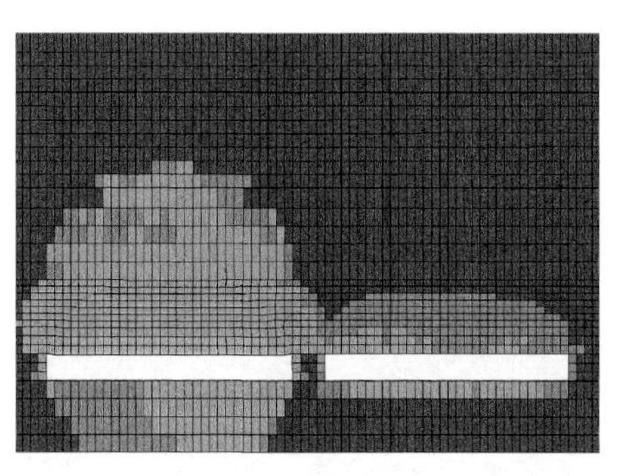

图 3-9　工作面推进 20 m 时垂直破裂区形态特征分布区

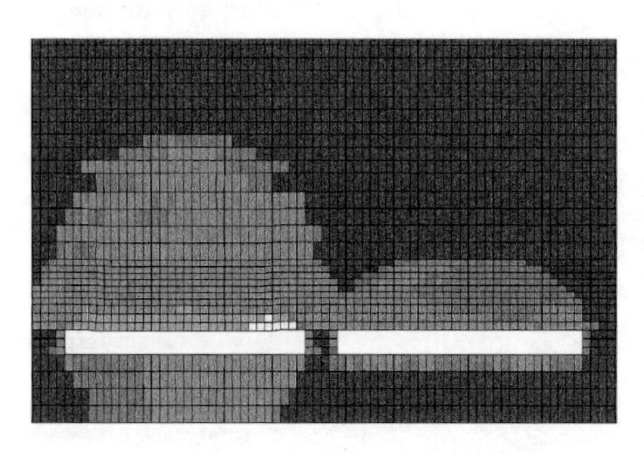

图 3-10　工作面推进 40 m 时垂直破裂区形态特征分布区

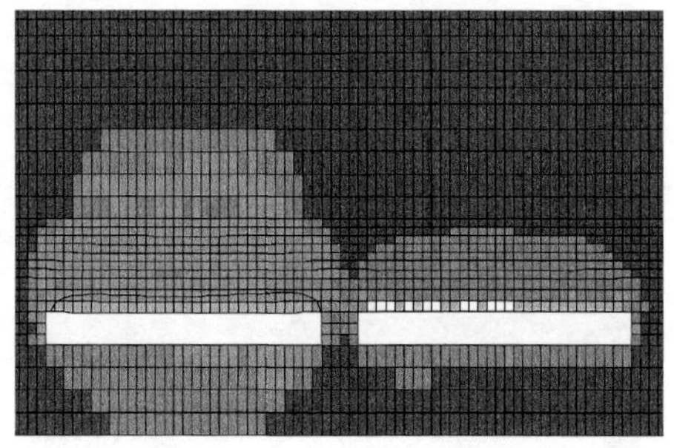

图 3-11　工作面推进 60 m 时垂直破裂区形态特征分布区

新老采空区覆岩裂隙的沟通分两步走：第一步，从区段煤柱上方开始，并逐步向上扩展，达到最大裂隙高度；第二步，区段煤柱在第一次基本顶来压之后开始破坏，并逐步向下扩展，最后到整个区段煤柱完全破坏。由于开采的扰动作用，区段煤柱上方产生强大的动压，在初次来压之后，大量的能量在区段煤柱区释放，区段煤柱开始向下破坏，新老采空区覆岩开始完全意义上的沟通，区段煤柱上方的沟通裂隙区是瓦斯运移的最初通道，区段煤柱破坏后，老采空区内的瓦斯和水会一同涌向新采空区或工作面。"S"形覆岩空间裂隙场在垂直方向上的形态特征呈现向上逐步扩展的态势，随着工作面的推进，新采空区上方覆岩裂隙发育、扩展、断裂，老采空区覆岩裂隙也在逐步活化。

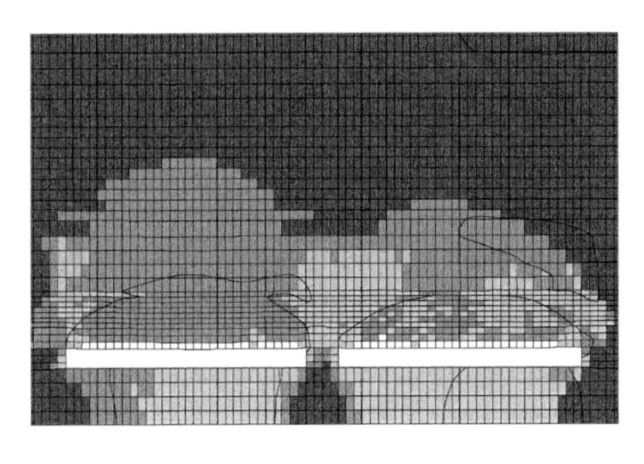

图 3-12 工作面推进 80 m 时垂直破裂区形态特征分布区

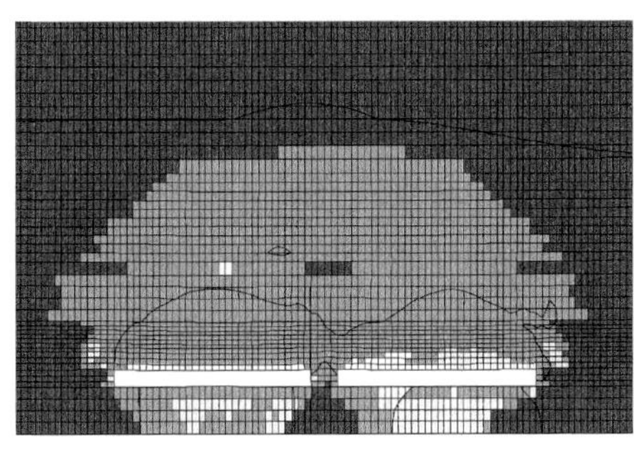

图 3-13 工作面推进 150 m 时垂直破裂区形态特征分布区

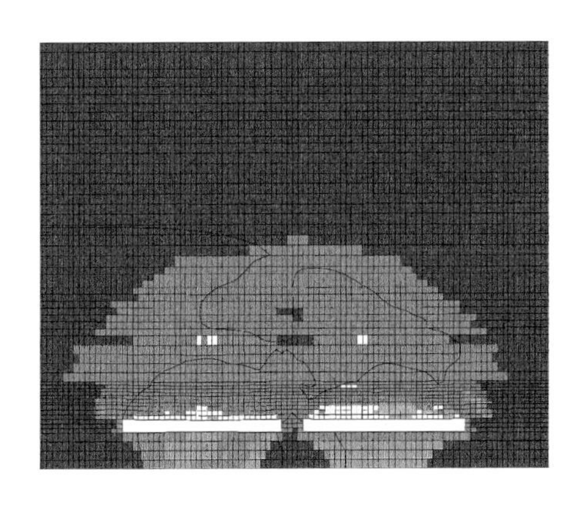

图 3-14 工作面推进 170 m 时垂直破裂区形态特征分布区

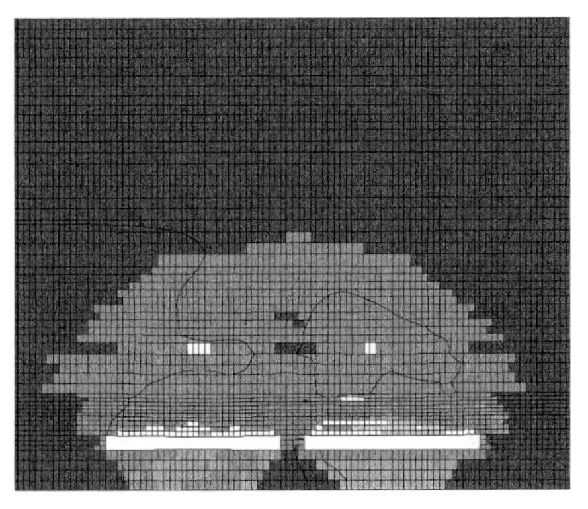

图 3-15 工作面推进 180 m 时垂直破裂区形态特征分布区

3.4 采动覆岩应力场和位移场演化规律分析

图 3-16～图 3-31 是"S"形覆岩空间裂隙场沿走向和倾向的垂直应力、垂直位移分布图。由图 3-16～图 3-31 可知，随着工作面的推进，作用在煤岩体上的垂直应力从老采空区影响区开始增大，达到峰值之后开始减小，直至减小到零，上覆岩层运动呈现周期性的变化。新老采空区覆岩在应力场的叠加作用下，位移场发生复杂的变化，根据岩体应力应变曲线，按照应力与位移的关系，将煤岩体裂隙分为 3 个部分：第一部分主要是煤岩体裂隙闭合区。由于应力峰值作用，

扰动裂隙和处于应力曲线损伤区的一些原生裂隙在高压应力作用下由展开状态向闭合状态转化。第二部分是扰动裂隙张开区。扰动裂隙张开区处于岩体应力-应变线的塑性滑移区，随着工作面推进，水平应力发生了变化，覆岩产生了大量的裂隙。第三部分是裂隙贯通区。裂隙贯通区处于应力应变线的塑性流动区，大量裂隙贯通，新老采空区覆岩形成通过裂隙连成一体的空间结构。通过工作面开采 40 m、60 m、150 m、300 m 的 SZZ(垂直应力)和 ZDISP(垂直位移)在走向和倾向的等值线变化可以得出，应力场的逐步演化和位移场范围的扩大是一个动态的过程，老采空区覆岩在工作面回采的扰动下产生了二次运动，其破坏区范围也逐渐扩大，新采空区覆岩裂隙场进行了叠加，最后形成一个统一的覆岩裂隙大结构。

通过对 3322 综放工作面几个回采阶段的数值模拟得出了几个回采阶段的应力场和位移场的相互关系。当工作面推进 40 m 时，由于基本顶的垮落，在区段煤柱区和端头形成了应力集中区，尤其是在区段煤柱区形成了一段竖向的应力增高区，应力达到了 30 MPa 以上，远远超出了区段煤柱的抗压强度，区段煤柱易发生抗拉和剪切破坏，在应力的作用下，煤柱的位移也发生了变化(位移量在 100 mm 以上)，如图 3-16～图 3-19 所示。

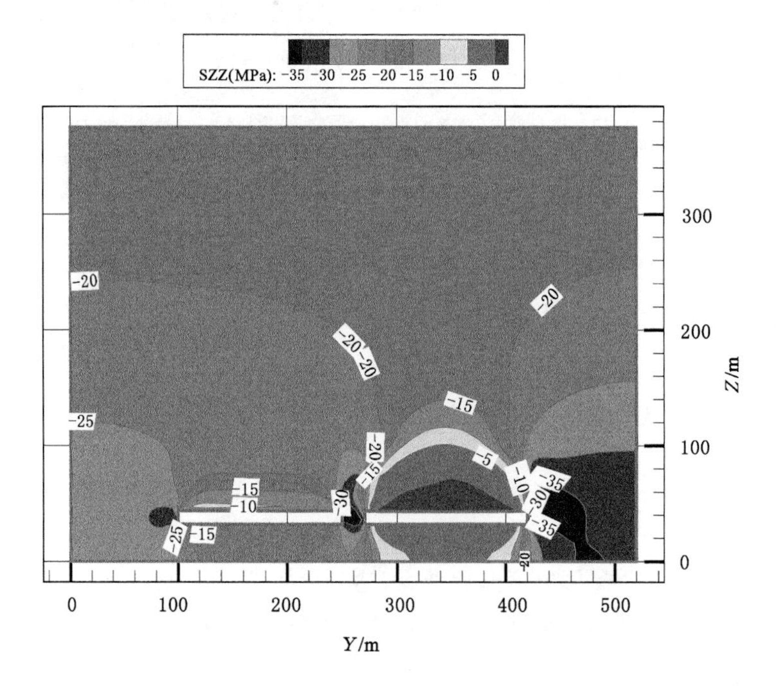

图 3-16　推进 40 m 沿倾向垂直应力分布

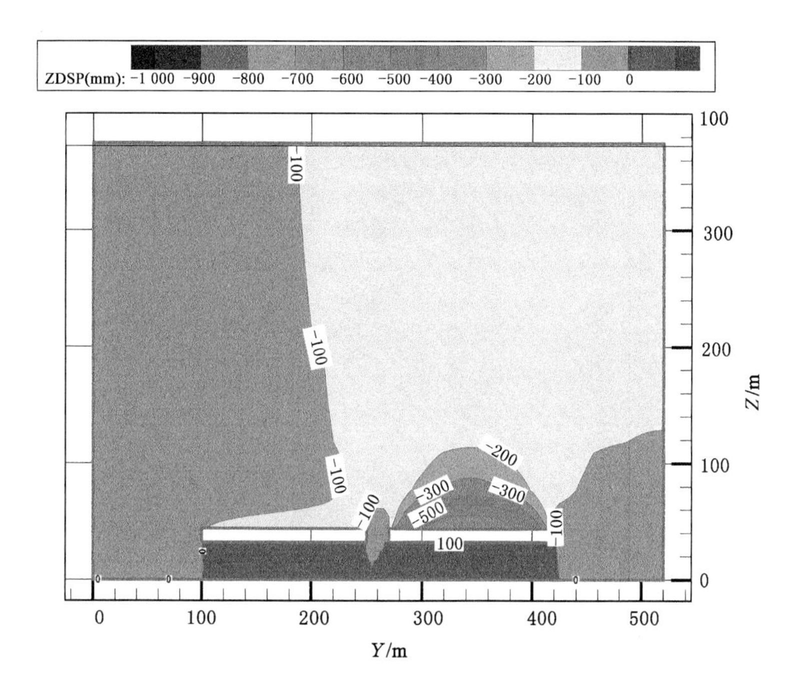

图 3-17 推进 40 m 沿倾向垂直位移分布

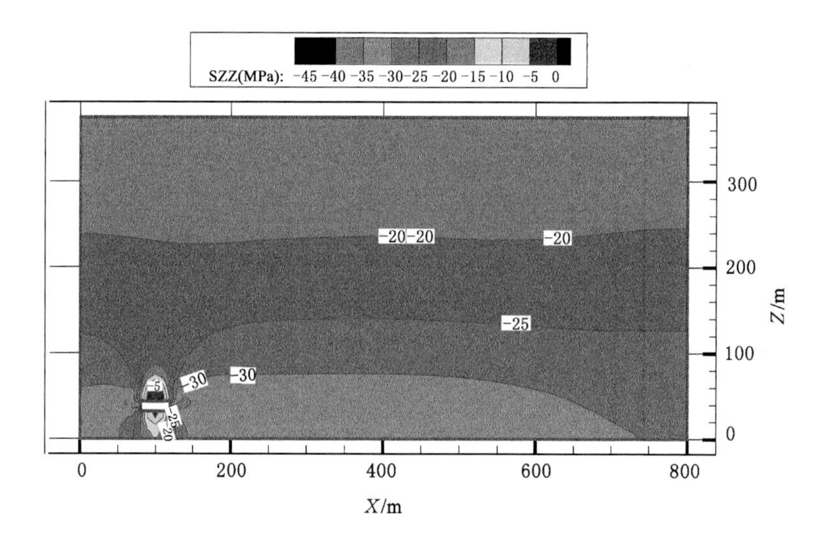

图 3-18 推进 40 m 沿走向垂直应力分布

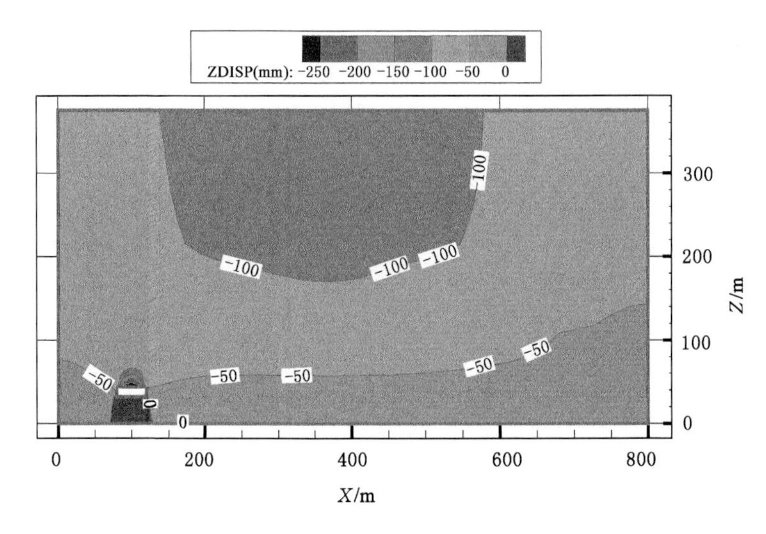

图 3-19　推进 40 m 沿走向垂直位移分布

当工作面推进 60 m 时，出现第一次周期来压，工作面应力集中区前移，新老采空区覆岩的应力和位移重新分布，此时覆岩对煤层的应力影响较初次来压时有所降低，煤柱区应力向下转移，说明区段煤柱的破裂是由上向下逐步发展的，如图 3-20～图 3-23 所示。

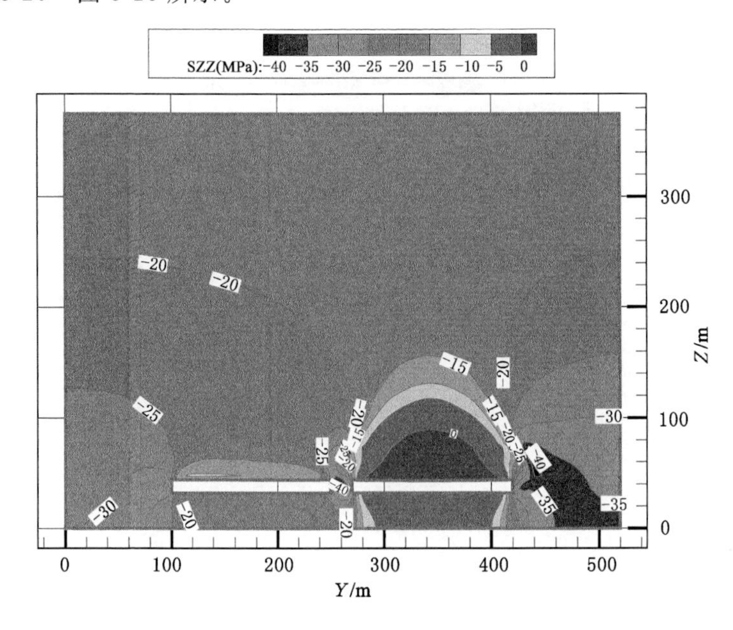

图 3-20　推进 60 m 沿倾向垂直应力分布

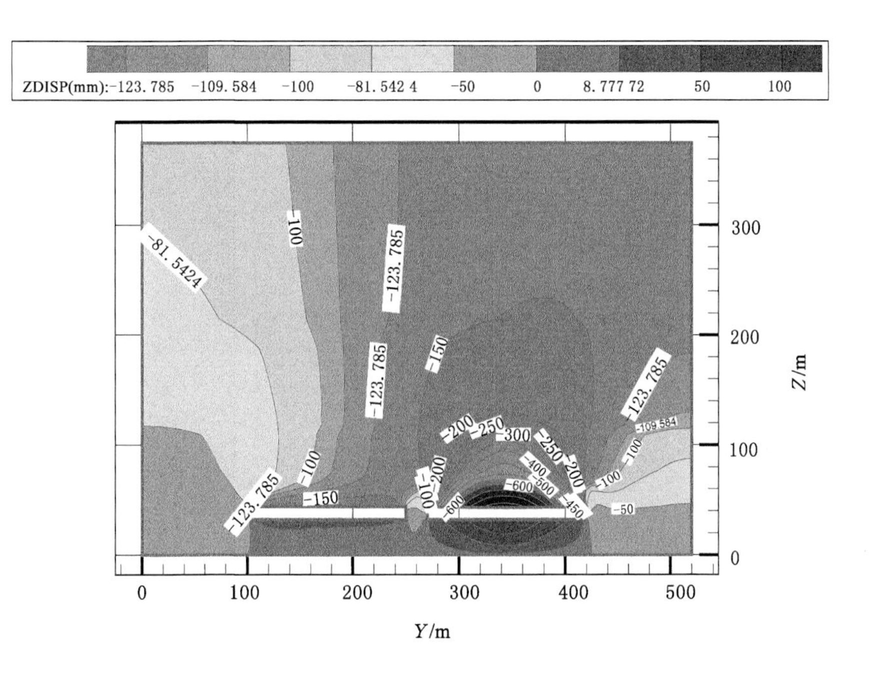

图 3-21 推进 60 m 沿倾向垂直位移分布

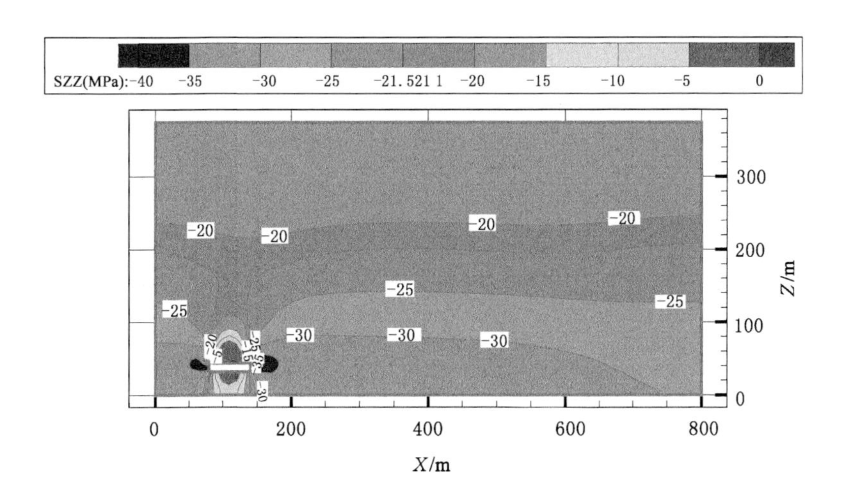

图 3-22 推进 60 m 沿走向垂直应力分布

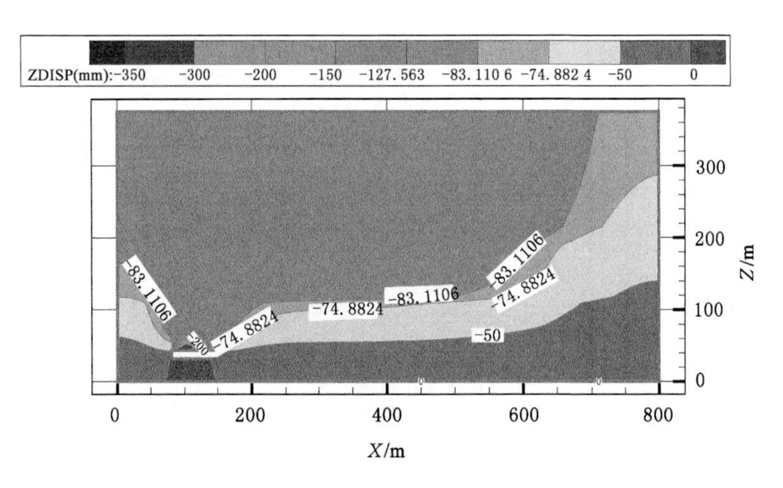

图 3-23　推进 60 m 沿走向垂直位移分布

当工作面推进 150 m(一次见方阶段)时,采空区覆岩的破裂高度达到了最高点附近,新采空区覆岩应力场、位移场与老采空区覆岩位移场、应力场有同步化的趋势,逐渐由各自的小结构相互叠加成大结构。从位移场可以得出新老采空区覆岩产生同步运动,共同作用于大结构,如图 3-24～图 3-27 所示。

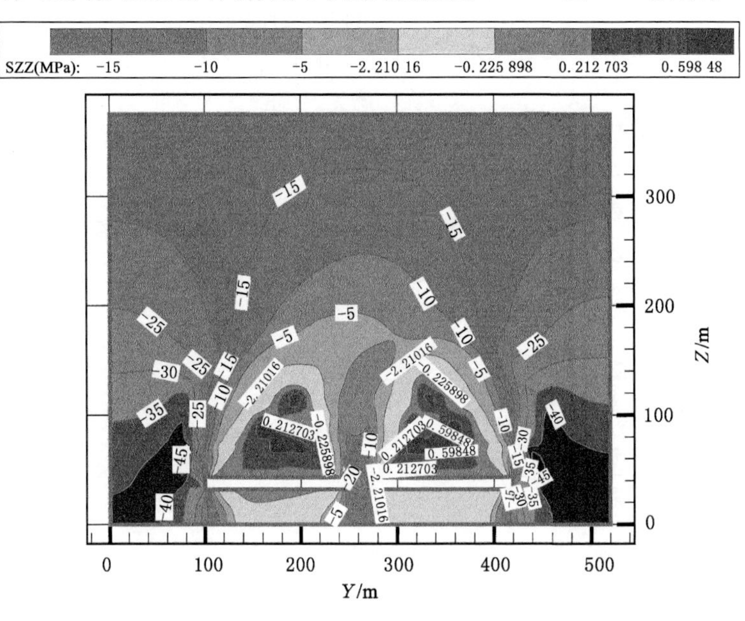

图 3-24　推进 150 m 沿倾向垂直应力分布

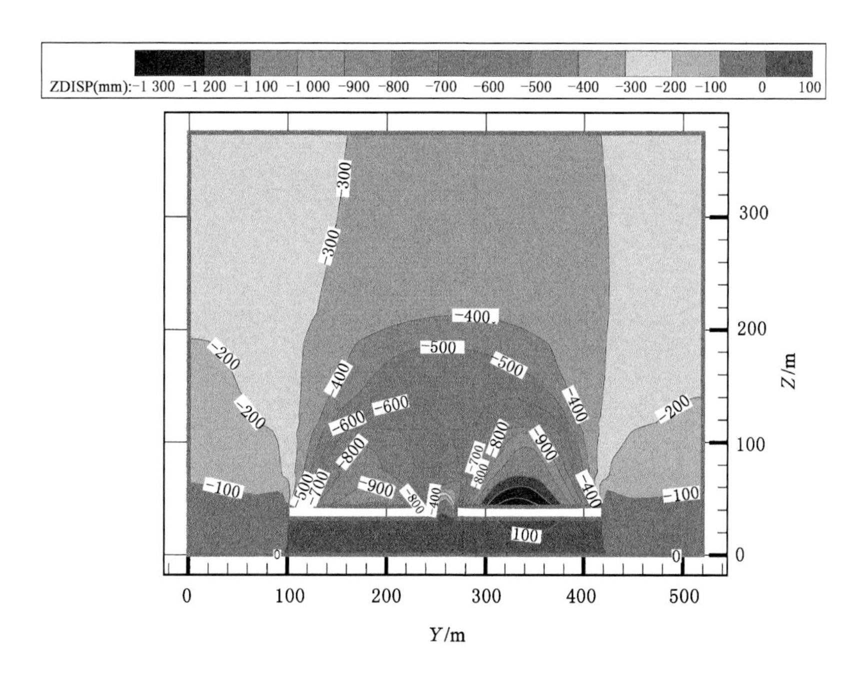

图 3-25 推进 150 m 沿倾向垂直位移分布

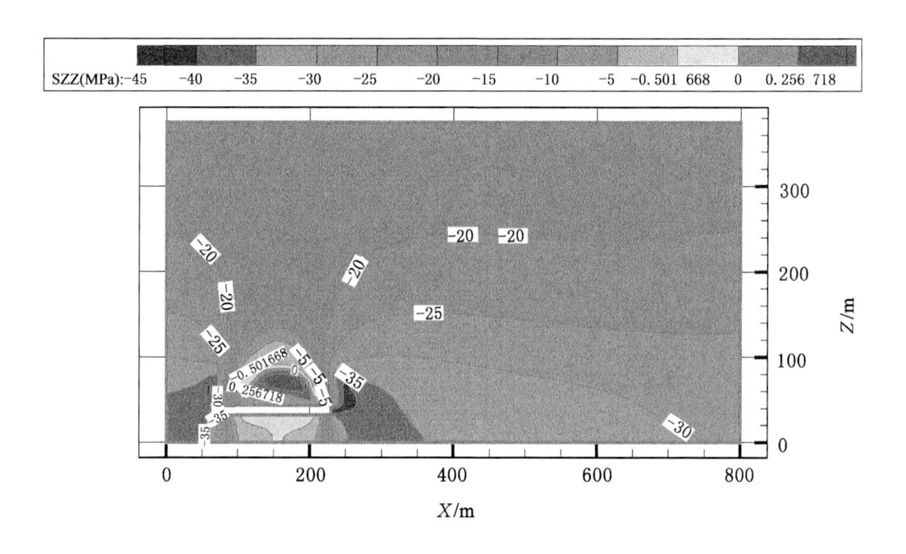

图 3-26 推进 150 m 沿走向垂直应力分布

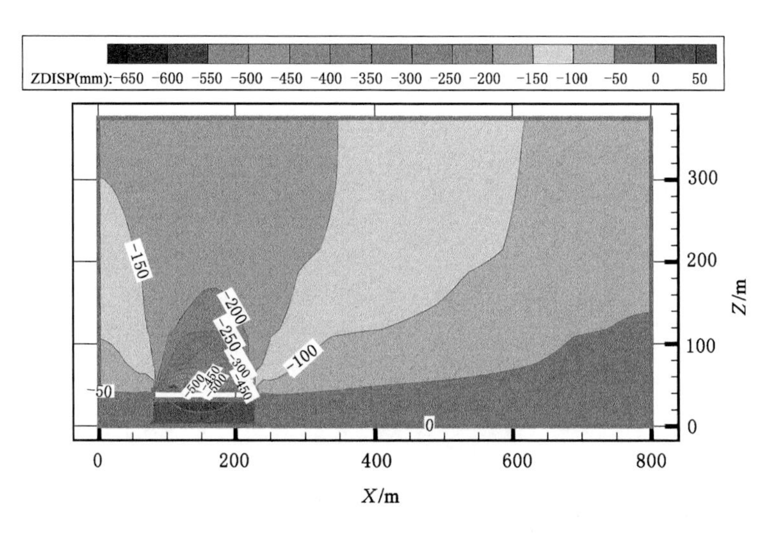

图 3-27　推进 150 m 沿走向垂直位移分布

当工作面推进 300 m 时，新老采空区覆岩应力壳结构已经形成，应力壳结构包围下的位移场形成了同步结构，区段煤柱区位移场扩大到垮落带下方(接近采空区)，说明区段煤柱上方覆岩完全沟通，如图 3-28～图 3-31 所示。

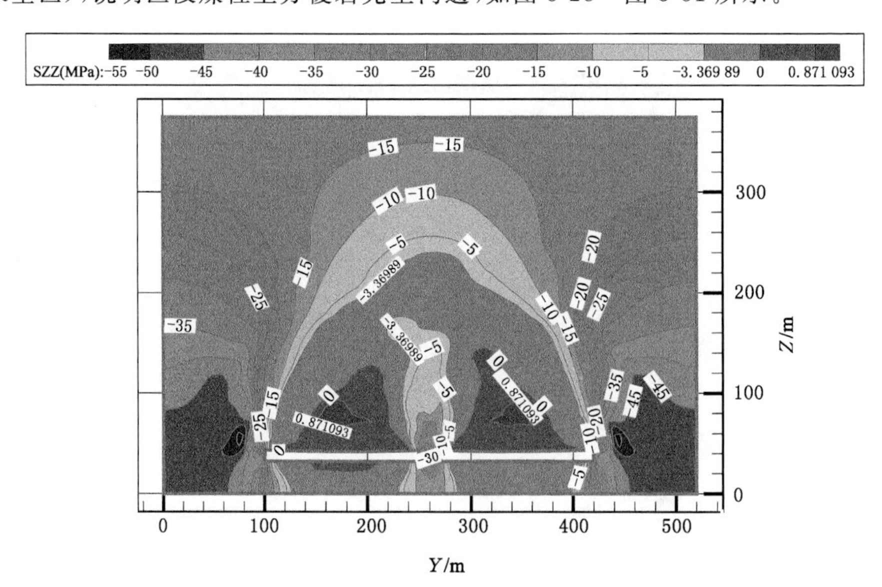

图 3-28　推进 300 m 沿倾向垂直应力分布

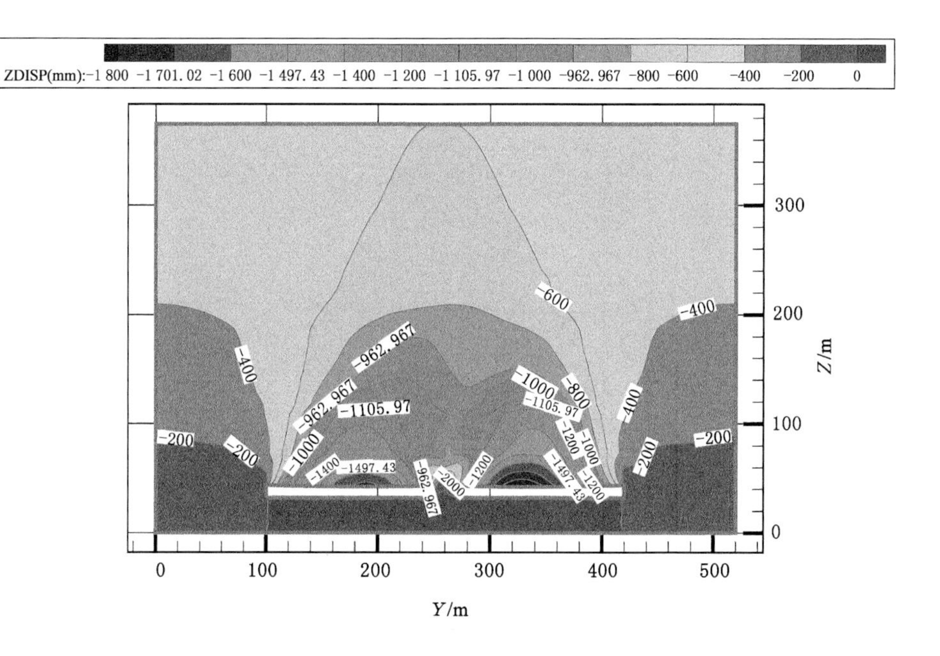

图 3-29 推进 300 m 沿倾向垂直位移分布

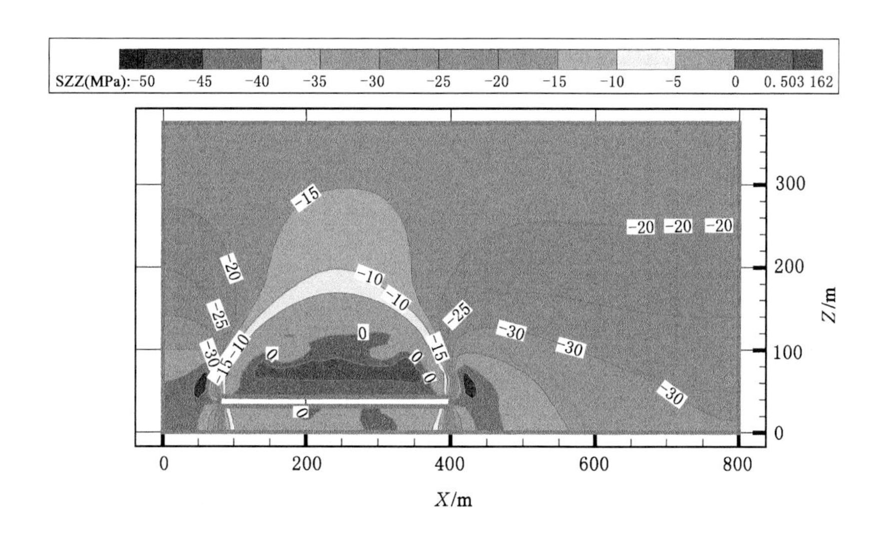

图 3-30 推进 300 m 沿走向垂直应力分布

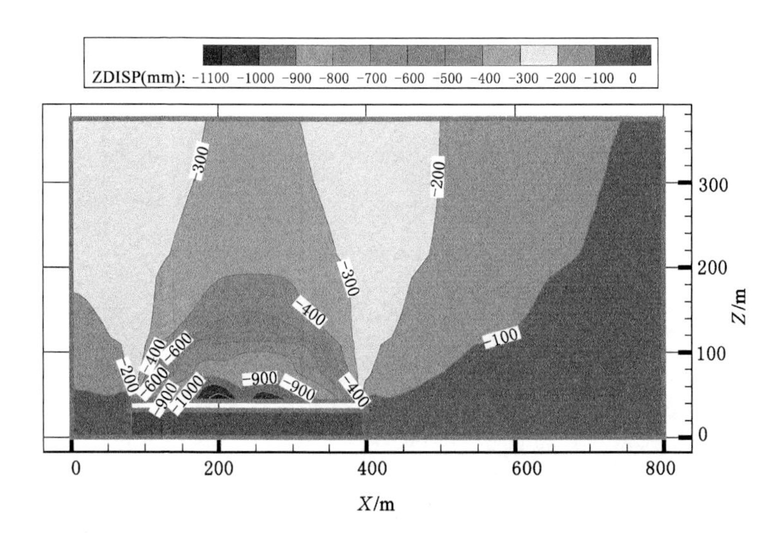

图 3-31　推进 300 m 沿走向垂直位移分布

为定量分析开挖后垂直应力、垂直位移随工作面回采的变化规律，在模型的主要岩层上布置了七条测线，测线的位置如表 3-2 所列。应用 $FLAC^{3D}$ 软件计算后，利用 Fish 语言编制的应力-位移转换程序导入 Tecplot 后处理软件，利用 Tecplot 后处理软件中的提取点数据功能，从模型中将测线的垂直应力、垂直位移数据导出至 Excel 表格中，通过绘制曲线来分析垂直应力、垂直位移随着工作面推进的变化规律。由于监测过程中，会出现测线数据接近零的现象（很难在曲线图中表示出来），因此有些曲线图中会出现缺少相关测线的情况。

表 3-2　　　　测线布置

位移及应力测线编号	测点数	测线距离煤层顶板距离/m	测线布置层位
1	30	−5	底板粉砂岩
2	30	6	直接顶粉砂
3	30	23	基本顶细砂
4	30	50	砂岩
5	30	90	砂页岩
6	30	130	中砂岩
7	30	160	煤夹矸

图 3-32 和图 3-33 分别是开挖后工作面推进 40 m(初次来压阶段)、60 m(第一次周期来压阶段)覆岩及底板沿倾向垂直应力集中系数变化曲线，图 3-34和图 3-35 分别是开挖后工作面推进 150 m(采空区一次见方阶段)、300 m(采空区二次见方阶段)覆岩沿倾向垂直应力集中系数变化曲线。由图 3-32～图 3-35 可知，应力集中区主要分布在区段煤柱区和两侧实体煤区，最高应力集中系数达到了 3.6，由于新老采空区覆岩大结构和小结构的影响，构成了高强度的应力结构，两端应力最大达到了 55 MPa。由于上一个工作面开采造成的应力集中，使得老采空区一侧实体煤开采到 40 m 时的覆岩应力集中系数在1.4～2.3之间，开采至 300 m 时应力集中系数在 2～3.6 之间，说明采空区实体煤一侧受整个大结构的影响，工作面的推进直接影响到了老采空区裂隙的扩展，新老采空区上覆岩层产生了整体运动。中间煤柱区的应力集中系数随区段煤柱的压垮而逐渐减小，推进 40 m 时的应力集中系数在 0.8～1.8 之间，回采至 300 m 时的应力集中系数在 0.1～1.1 之间，应力集中系数减小说明覆岩应力在逐渐解除，区段煤柱产生了屈服破坏。工作面实体煤一侧垂直应力逐渐增大，在工作面推进 40 m 时的覆岩应力集中系数在 1.4～2 之间，工作面推进 300 m 时的覆岩应力集中系数在 2～3 之间，说明工作面实体煤一侧同样处于大结构的应力范围内，从而造成了应力高度集中。

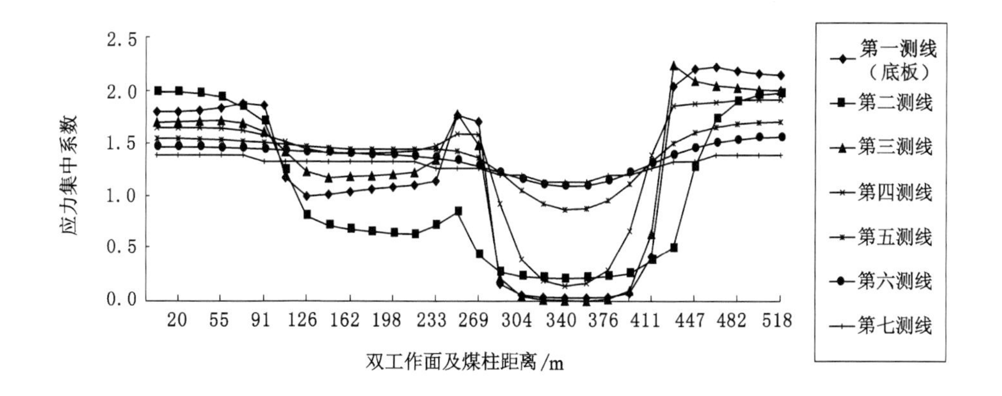

图 3-32　推进 40 m 覆岩及底板沿倾向垂直应力集中系数变化曲线

图 3-36 和图 3-37 分别是工作面推进 40 m(初次来压阶段)、60 m(第一次周期来压阶段)覆岩及底板沿走向垂直应力集中系数变化曲线，图 3-38 和图 3-39 分别是工作面推进 150 m(采空区一次见方阶段)、300 m(采空区二次见方阶段)

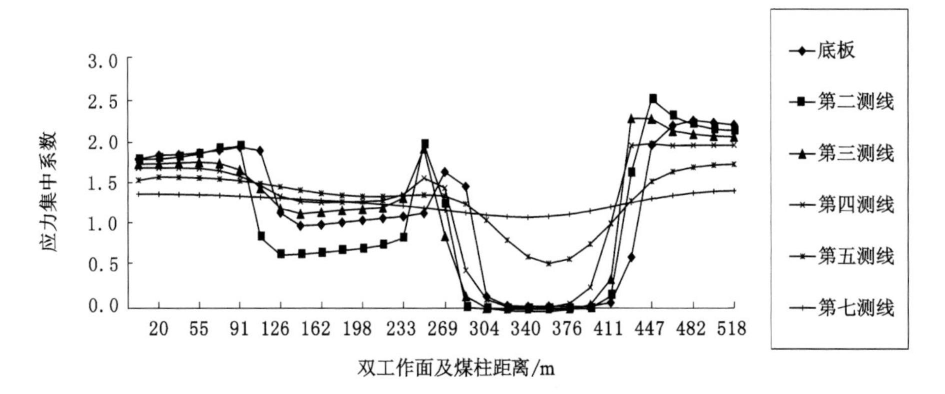

图 3-33 推进 60 m 覆岩及底板沿倾向垂直应力集中系数变化曲线

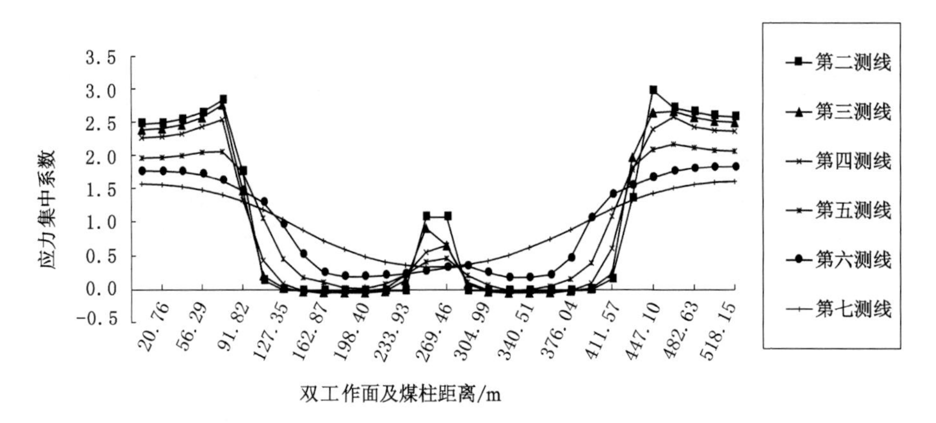

图 3-34 推进 150 m 覆岩沿倾向垂直应力集中系数变化曲线

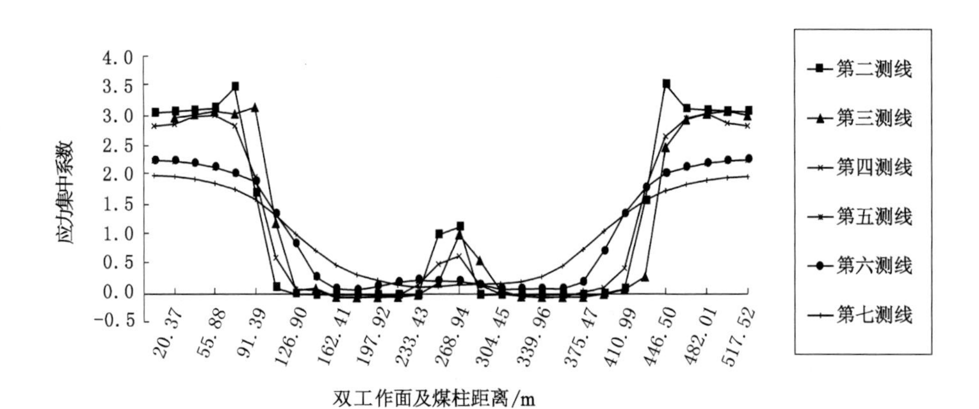

图 3-35 推进 300 m 覆岩沿倾向垂直应力集中系数变化曲线

覆岩沿走向垂直应力集中系数变化曲线。由图 3-36 图 3-39 可知,工作面前方采动影响区可以分为三个区:应力降低区、应力升高区和老采空区应力影响区。应力降低区大致在距离工作面 54～81 m,此范围受工作面回采的影响,应力发生了前移;应力升高区距离应力降低区 81～108 m,此范围处于应力集中区域;老采空区应力影响区在距离工作面 135～189 m 之外,此范围只受相邻工作面覆岩运动的影响,应力高于原岩应力,应力集中系数大于 1.5。

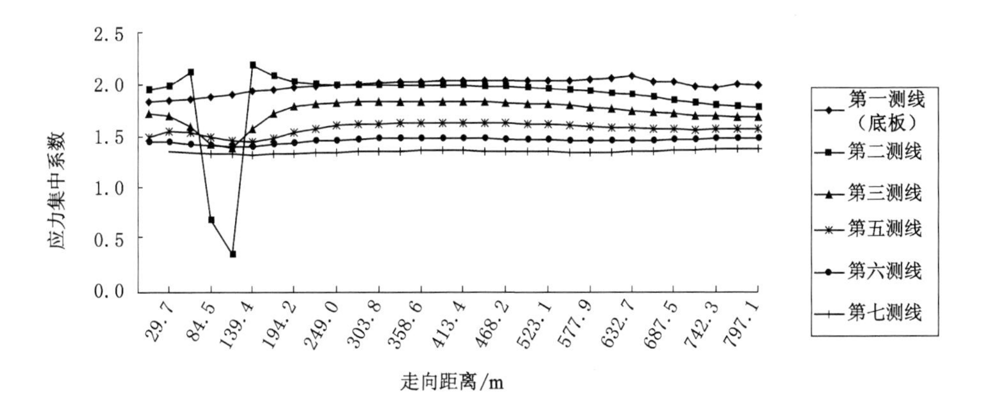

图 3-36 推进 40 m 覆岩及底板沿走向垂直应力集中系数变化曲线

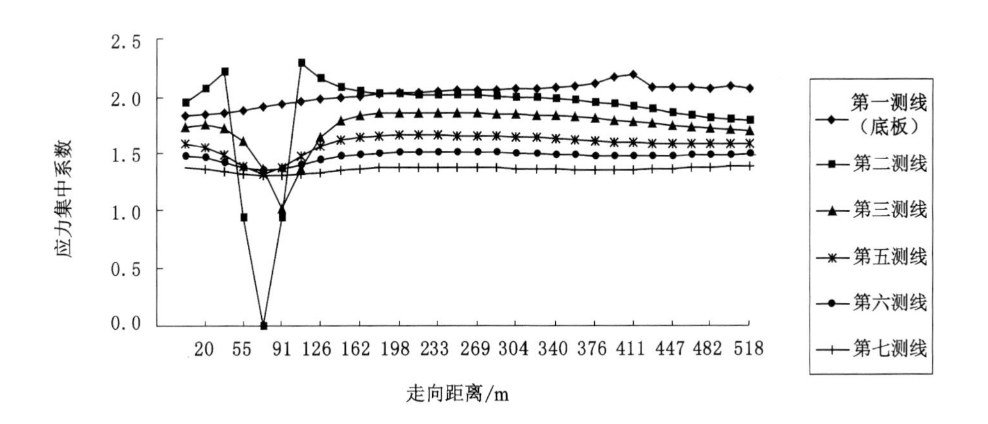

图 3-37 推进 60 m 覆岩及底板沿走向垂直应力集中系数变化曲线

由以上分析可知,覆岩应力峰值随工作面的推进而逐渐前移,随顶板周期性垮落,采空区内压实区应力集中系数逐渐降低,说明随着顶板的垮落垮落体发生了卸荷效应,覆岩应力随着工作面的回采呈现出一个形成-发展-稳定的动态过程。

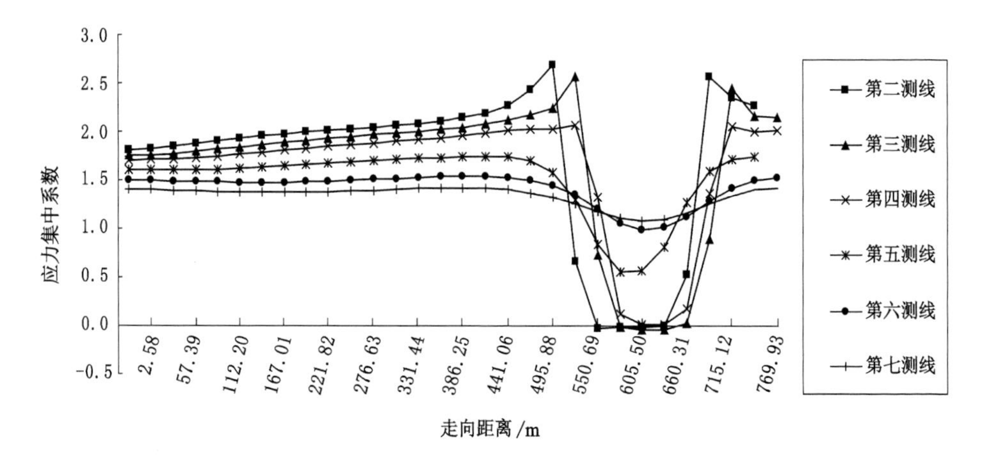

图 3-38　推进 150 m 覆岩沿走向垂直应力集中系数变化曲线

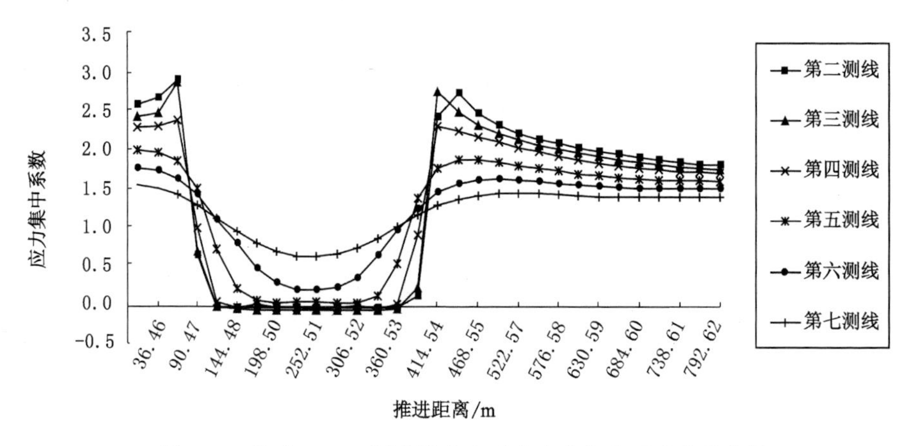

图 3-39　推进 300 m 覆岩沿走向垂直应力集中系数变化曲线

图 3-40～图 3-43 分别是工作面推进 40 m(初次来压阶段)、60 m(第一次周期来压阶段)、150 m(采空区一次见方阶段)、300 m(采空区二次见方阶段)覆岩沿走向垂直位移变化曲线。由图 3-40～图 3-43 可知,随着工作面的推进,覆岩逐层垮落,当工作面推进 40 m 时,第二测线急速下降,说明基本顶已垮落,第三、四测线下降缓慢,说明测线所在岩层出现离层;当工作面推进 60 m 时,第二、三测线岩层垮落,第四测线岩层离层;当工作面推进 150 m 时,第二、三、四测线岩层垮落,第五、六、七测线岩层离层;当工作面推进 300 m 时,第五、六、七测线离层变化很小,说明在工作面推进 150 m 的时候,最大裂隙高度趋于稳定。

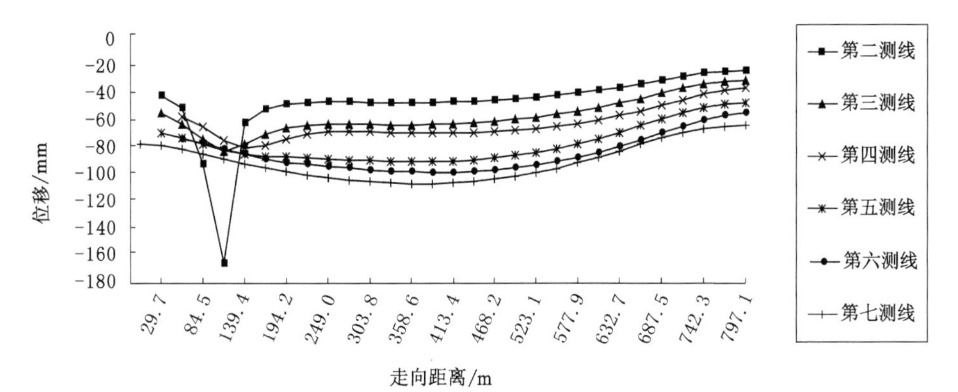

图 3-40 推进 40 m 覆岩沿走向垂直位移变化曲线

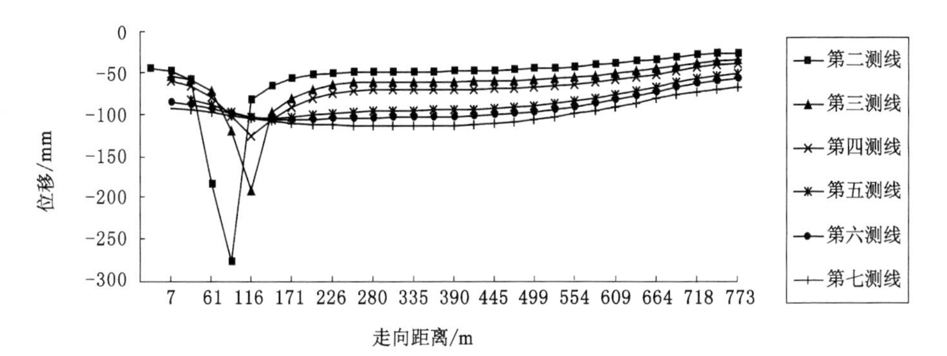

图 3-41 推进 60 m 覆岩沿走向垂直位移变化曲线

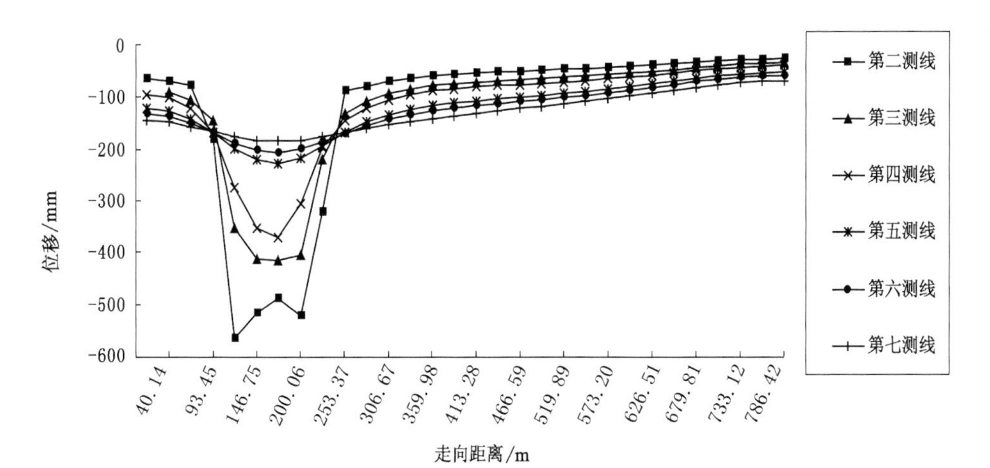

图 3-42 推进 150 m 覆岩沿走向垂直位移变化曲线

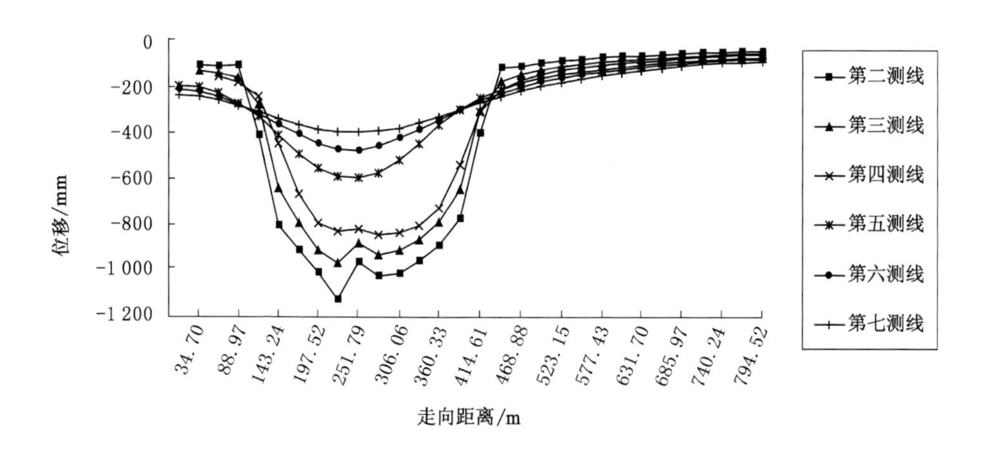

图 3-43　推进 300 m 覆岩沿走向垂直位移变化曲线

图 3-44～图 3-47 分别是工作面推进 40 m(初次来压阶段)、60 m(第一次周期来压阶段)、150 m(采空区一次见方阶段)、300 m(采空区二次见方阶段)覆岩沿倾向垂直位移变化曲线。由图 3-44～图 3-47 可知,新老采空区覆岩位移同步增加,上覆岩层同步运动,大结构下的新老采空区覆岩位移相互叠加。

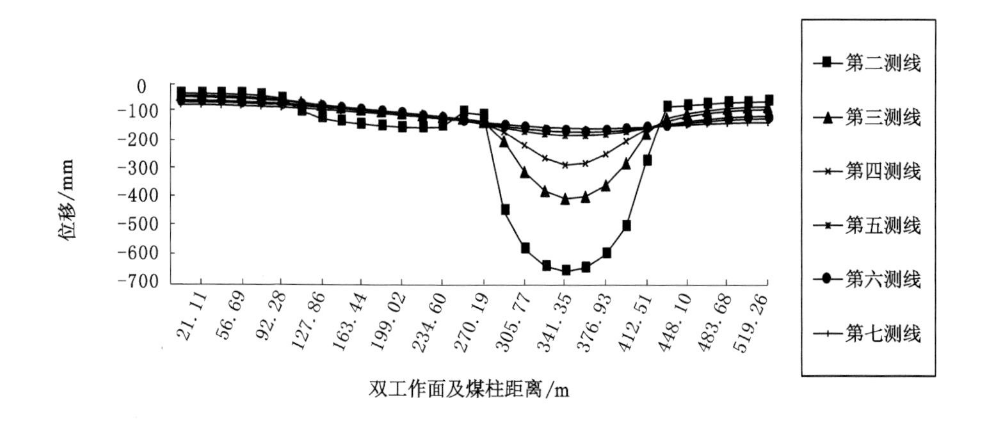

图 3-44　推进 40 m 覆岩沿倾向垂直位移变化曲线

随着工作面推进,覆岩倾向位移可分为三个动态区域:工作面位移变化区、老采空区覆岩位移变化区、区段煤柱位移变化区。当工作面推进 40 m 时,工作面第二测线最大位移为 150 mm、第三测线最大位移为 100 mm;老采空区覆岩

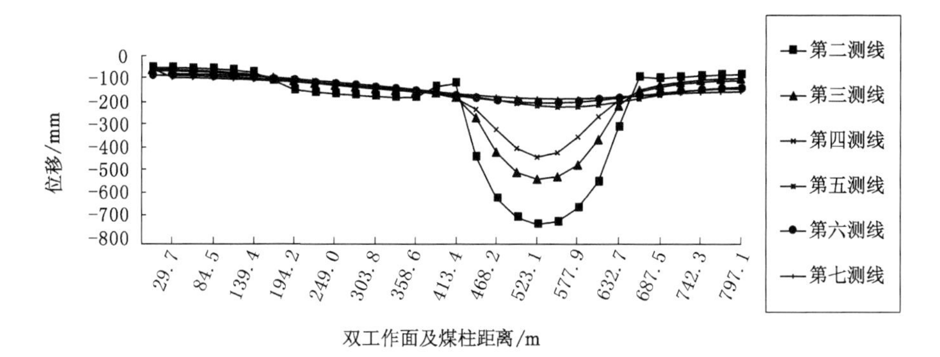

图 3-45　推进 60 m 覆岩沿倾向垂直位移变化曲线

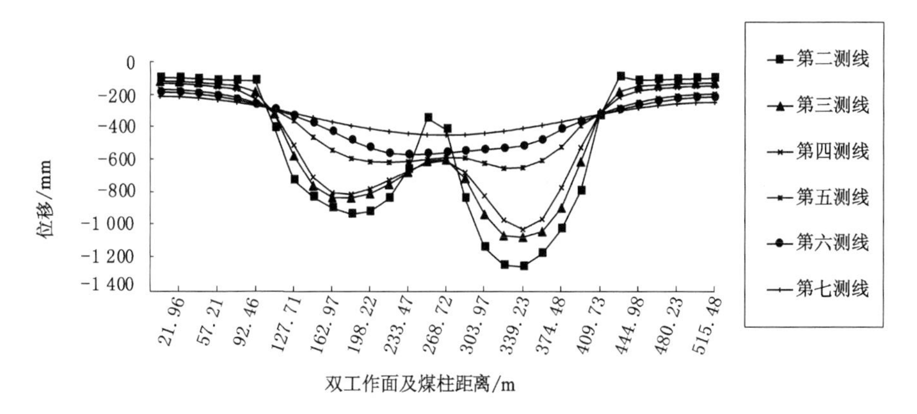

图 3-46　推进 150 m 覆岩沿倾向垂直位移变化曲线

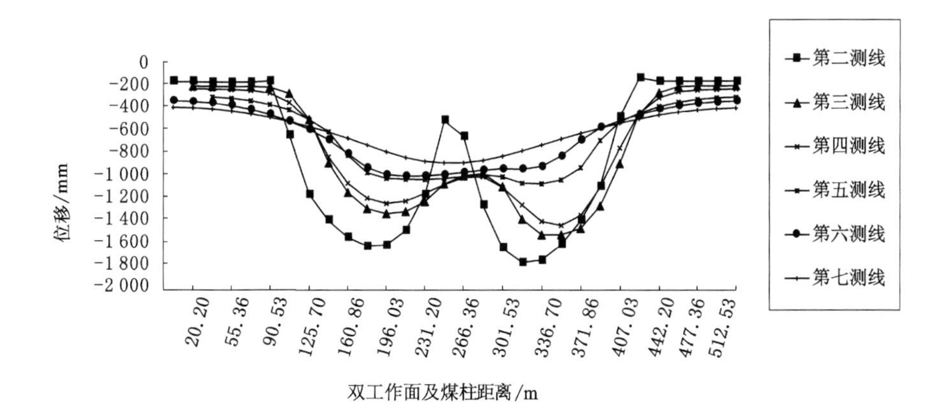

图 3-47　推进 300 m 覆岩沿倾向垂直位移变化曲线

第二测线最大位移为 600 mm,第三测线最大位移为 450 mm;区段煤柱区第二、三测线最大位移都为 100 mm。当工作面推进 300 m 时,工作面第二测线最大位移为 1 600 mm、第三测线最大位移为 1 250 mm;老采空区覆岩第二测线最大位移为 1 680 mm,第三测线为 1 450 mm;区段煤柱区第二、三测线最大位移分别为450 mm、1 000 mm。以上分析说明老采空区覆岩在工作面回采扰动下位移逐步增加,而区段煤柱区也同样产生屈服破坏。

3.5 "S"形覆岩空间裂隙场新老采空区覆岩沟通例证

在全国多个矿区都曾发生过因老采空区涌水和瓦斯逸出而导致的次生灾害。阜新五龙矿 3322 工作面回采接近 170 m 时,工作面回风巷道分流中瓦斯浓度、地面钻孔瓦斯抽采量、高抽巷道瓦斯抽采量、采空区埋管瓦斯抽采量都突然增加。经现场分析,排除各种影响因素,作者猜测是相邻采空区和本工作面采空区相互沟通导致。为进一步证明猜测结果的正确性,作者将 SF_6 示踪气体通过钻孔注入老采空区,在回风巷道内接收到了微量的示踪气体,这就证明了新老采空区确实沟通。

在山西朱家店二坑单侧采空工作面通过做 SF_6 示踪气体的试验,同样证明了新老采空区覆岩裂隙的贯通。在 4404 采空区、4405 采空区区段煤柱探水孔或者密闭处向采空区注入 SF_6 示踪气体,在回风巷道内布置气体接收点,注入 10 min 后开始采集气样,每隔 20 min 采集一个气样,一共采集 10 个气样。4405 和 4406 工作面 SF_6 示踪气体注入孔与接收点示意图分别如图 3-48和图 3-49 所示。

SF_6 示踪气体接收量的计算公式为:

$$q=DCQ \tag{3-7}$$

式中 q——SF_6 示踪气体接收量,m^3/min;

D——不均衡系数,取值 4～5;

C——风流中 SF_6示踪气体浓度,取值 10^{-6};

Q——通过被测巷道的风量,m^3/min。

通过多次试验,接收到的 SF_6示踪气体量虽然很小,但足以证明新老采空区覆岩裂隙的沟通,老采空区气体在压力差作用下进入工作面回风巷道,所得出的结论和数值模拟得出的结论基本一致。老采空区作为一个不可忽视的瓦斯涌出源,在进行瓦斯涌出量预测及瓦斯治理过程中应当加以重视。4405 工作面和 4406 工作面 SF_6示踪气体接收量分别见表 3-3 和表 3-4。

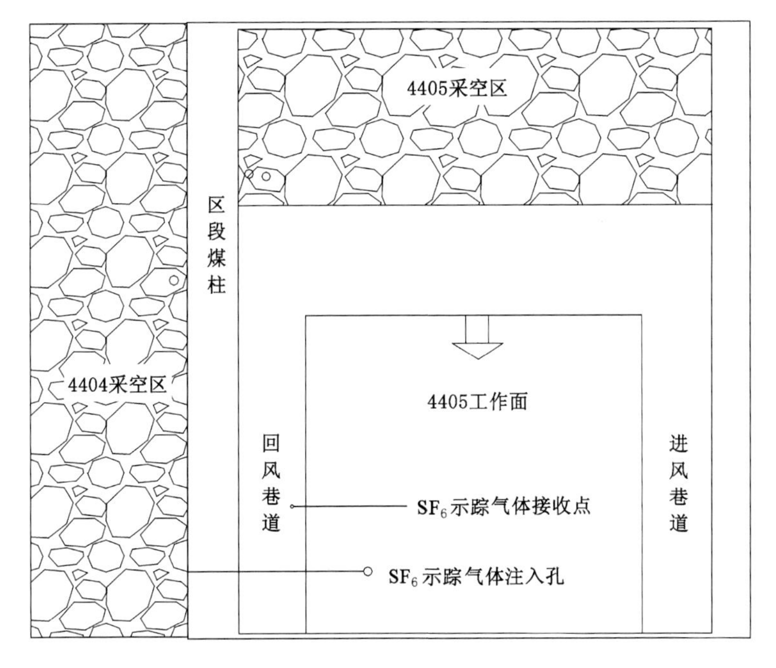

图 3-48 4405 工作面 SF_6 示踪气体注入孔与接收点示意图

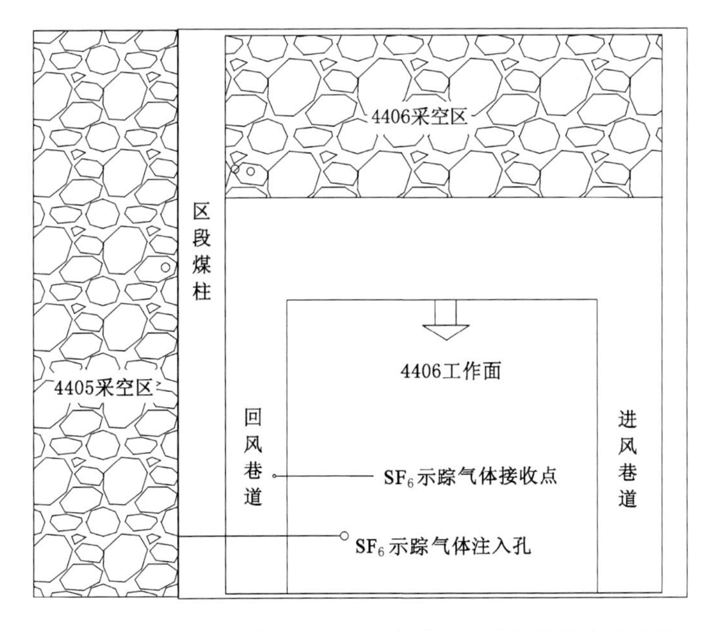

图 3-49 4406 工作面 SF_6 示踪气体注入孔与接收点示意图

表 3-3　　4405 工作面 SF_6 示踪气体接收量

气囊标号	接收浓度/10^{-6}	风量/(m^3/min)
1	0.045 2	1 050
2	0.143 2	1 050
3	0.275 5	1 050
4	0.412 8	1 050
5	0.870 1	1 050
6	0.782 3	1 050
7	0.126 5	1 050
8	0.890 1	1 050
9	0.821 4	1 050
10	0.056 7	1 050

表 3-4　　4406 工作面 SF_6 示踪气体接收量

气囊标号	接收浓度/10^{-6}	风量/(m^3/min)
1	0.231 2	1 100
2	0.452 3	1 100
3	0.167 1	1 100
4	0.921 4	1 100
5	0.012 4	1 100
6	1.329 0	1 100
7	0.652 1	1 100
8	0.791 0	1 100
9	1.721 3	1 100
10	0.322 1	1 100

4　深部煤层开采工作面采动覆岩裂隙定量描述研究

深部煤层开采工作面具有动压大、瓦斯含量高等特点，研究深部煤层开采覆岩裂隙场与应力场的关系，能够为定量解释裂隙场的发育以及瓦斯运移问题提供理论基础。本章采用物理相似模拟、理论分析等方法，从理论分析、物理模型直观描述角度揭示覆岩裂隙场的分布特征，为分析复杂"S"形覆岩空间裂隙场的分布特征奠定基础。

4.1　深部煤层开采工作面覆岩裂隙场演化的相似模拟

深部煤层开采后，在垂直应力的作用下，覆岩结构演化呈现出不同的特点。在浅部具有脆性特征的岩体，进入深部开采可能具有塑性特点，呈现出与浅部岩体不同的采动特性。相似模拟试验方法具有直观性、可操作性等特点，其对工作面推进过程中围岩裂隙场发育状态的直观表现，是现场观测及其他手段无法实现的。

物理相似模拟试验的目的是通过再现3322工作面回采过程来直观描述裂隙场的演化过程，通过应力应变仪和位移记录装置来记录底板支承压力和覆岩位移变化过程。

4.1.1　工作面实际条件

五龙煤矿3322工作面位于工业广场煤柱以南，东起Ⅱ带岩墙，西至Ⅲ带岩墙，北起3321运输巷；煤层厚度为12.21 m，倾角为5°～7°，设计走向长度为1 385 m，工作面长度为150 m，开采面积为207 750 m^2，地表标高为＋174～＋230 m，煤层埋藏深度为858～1 000 m，采用综采放顶煤机械化开采方法。

4.1.2　相似模拟参数确定

相似模拟模型采用规格为200 cm×160 cm×20 cm(长×宽×高)的平面应

力模型。通过加载系统加载相当于 650 m 采深的有效应力，模拟采深为 950 m 的工作面回采过程，来研究深井工作面上覆岩层的运动发展规律及煤岩层应力变化规律。本次模拟的位移观测方法采用经纬仪观测法，利用经纬仪观测待测点的水平角和垂直角，计算得到监测点的水平、垂直位移，从而获得岩层变形量。底板应力通过将应力-应变片事先埋入模型底板中设计的位置，监测开采过程中煤层底板应力变化情况获得。

根据相似第一定理，两系统相似主要是指几何相似、运动学相似和动力学相似。满足单值条件的相似，即满足几何条件、物理条件、边界条件、初始条件和时间条件的相似，同时应使给定的相似准数(包括单值条件中表示几何性质及给定物理参数的参量所组成的相似准数)相等。

根据五龙煤矿 3322 工作面煤岩柱状图(图 4-1)、岩石物理力学性质、系统的几何尺寸及相似试验原理，参照前人的相似模拟经验，确定与研究对象和研究任务相适应的相似比，其中几何比为 1∶200，容重比为 1∶1.6，强度比为 1∶340，应力比为1∶14，时间比为 1∶15。为了相似模拟的易操作性，在不改变原有物理性质的前提下，对一些不起主要作用的煤岩层进行了合并，合并后的模型岩体力学参数见表 4-1。

工作面的回采涉及爆破、支护、割煤等，是一个复杂的系统工程，涉及诸多因素，要使所有因素都保持相似是不可能做到的，在实际工程中能够满足工程技术需要即可，对相似模型参照数值模拟模型的参数并在满足工程误差的条件下进行简化。

表 4-1　合并后的模型岩体力学参数

岩层名称	厚度/m	密度/(kg/m^3)	弹性模量/GPa	泊松比	黏聚力/MPa	内摩擦角/(°)	抗压强度/MPa
砂页岩、煤	13.0	2 649	14.36	0.26	2.55	54	35.64
粉砂岩、泥岩	52.0	2 620	10.21	0.25	2.23	40	29.87
粉砂岩、泥岩	20.0	2 620	10.21	0.25	2.23	40	29.87
煤夹矸	21.0	1 396	5.39	0.26	0.91	40	2.73
砂页岩、泥岩	16.0	2 616	6.14	0.23	1.67	38	20.62
中砂岩、粉砂岩	30.0	2 649	9.23	0.24	2.55	40	35.64
砂页岩	30.0	2 457	14.36	0.23	0.73	35	38.76
煤夹矸	9.0	1 366	5.39	0.26	0.91	40	2.73
砂岩	32.0	2 631	15.59	0.27	2.40	41	42.00

续表 4-1

岩层名称	厚度/m	密度/(kg/m³)	弹性模量/GPa	泊松比	黏聚力/MPa	内摩擦角/(°)	抗压强度/MPa
细砂岩	21.0	2 732	10.03	0.24	9.86	42	39.00
粉砂岩、泥岩	12.0	2 458	9.23	0.23	4.30	38	35.64
煤	12.0	1 380	5.45	0.26	0.91	41	2.73
粉砂岩	32.0	2 458	9.23	0.22	4.30	41	35.64

注:模型岩石力学参数参考表 3-1 及辽宁工程技术大学矿压所科研报告《阜新矿区地质动力灾害预测研究》。

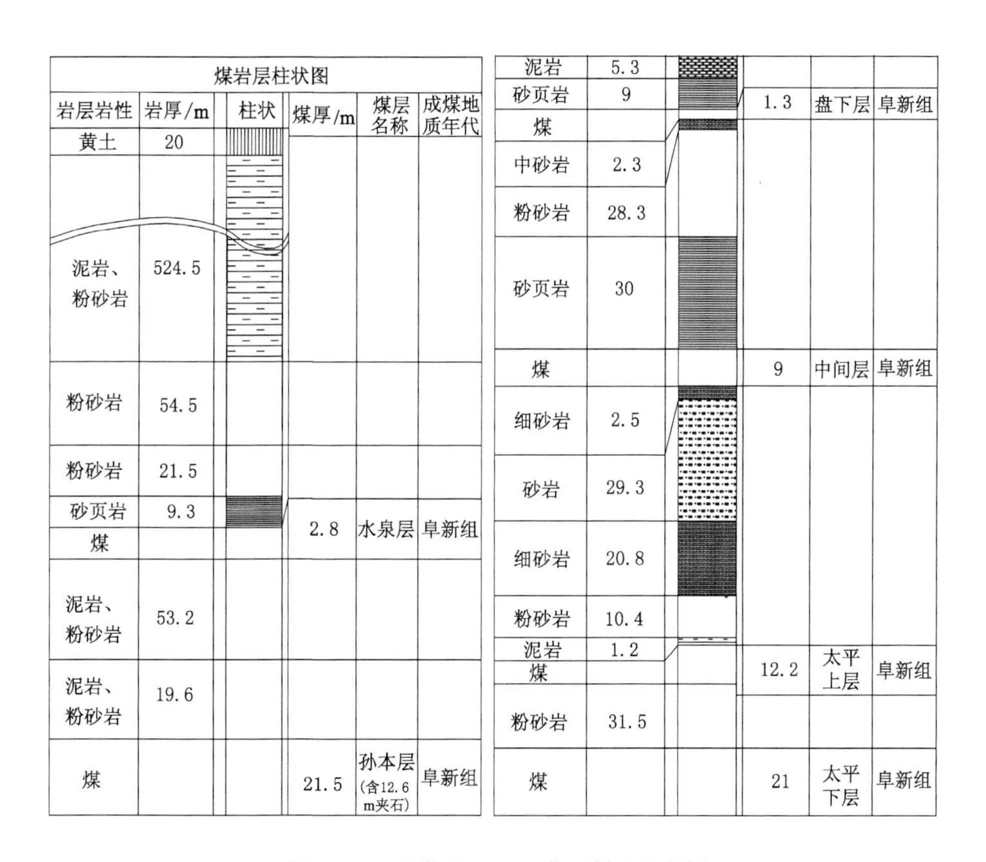

图 4-1　五龙煤矿 3322 工作面煤岩柱状图

相似模拟底板应力测定采用 BZ-2206 型静态应力应变仪,位移测定采用 DT-2/5型电子经纬仪(图 4-2)。在模型上覆岩层中布置了 6 条位移测线,在煤层底板布置了 1 条应力测线,每条测线分别布置了 10 个测点,见图 4-3 和表 4-2。

图 4-2　DT-2/5 型电子经纬仪

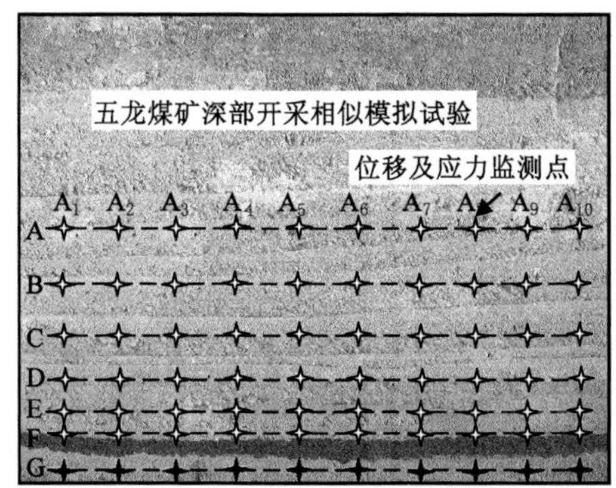

图 4-3　走向模型位移及应力测点布置图

表 4-2　　位移及应力测点编号

	测线编号	测点间距/m	测点数	首测点距离切眼距离/m	测线距离煤层顶板距离/m	测线布置层位
位移	A	22	10	−2	6.0	直接顶粉砂岩
	B	22	10	−2	22.5	基本顶细砂岩
	C	22	10	−2	49.0	砂岩
	D	22	10	−2	89.0	砂页岩
	E	22	10	−2	119.0	中砂岩
	F	22	10	−2	160.5	煤夹矸
应力	G	22	10	−2	−28.0	底板粉砂岩

4.1.3　模型的制作及回采过程

模型制作的重要环节是模型材料的配比，主要参照前人的经验。按照表4-3将各层所需的材料按质量配比好后放入搅拌机进行均匀搅拌，然后按顺序将材料倒入支架里压实，用云母作为分层材料（云母的用量需要掌握好）。将所有的煤岩层铺设好，待模型彻底干透之后进行回采。

用数码相机对回采过程的主要阶段（包括初次垮落、初次来压、周期来压、见方阶段等）用数码相机进行了图像记录，为便于观察随着回采的进行覆岩裂隙的发育过程，去除其他因素的干扰，采用二值化软件对图像进行了处理，以红色分界值 128 为分界线将相片进行二值化处理。二值化软件处理界面见图 4-4。

表 4-3 模型材料配比表

岩性	质量/kg	损失系数	河沙质量/kg	碳酸钙质量/kg	石膏质量/kg
砂页岩	22.4	1.2	18.3	2.1	2.0
粉砂岩	97.1	1.2	79.4	9.1	8.5
泥岩	37.3	1.2	30.5	3.5	3.3
煤夹矸	39.2	1.2	32.1	3.7	3.4
砂页岩	29.9	1.2	24.4	2.8	2.6
中砂岩	56.0	1.2	45.8	5.3	4.9
砂页岩	56.0	1.2	45.8	5.3	4.9
煤夹矸	16.8	1.2	13.7	1.6	1.5
砂岩	59.7	1.2	48.9	5.6	5.2
细砂岩	39.2	1.2	32.1	3.7	3.4
粉砂岩	22.4	1.2	18.3	2.1	2.0
煤	22.4	1.2	18.3	2.1	2.0
粉砂岩	59.7	1.2	48.9	5.6	5.2

图 4-4 二值化软件处理界面

图 4-5～图 4-12 是工作面推进过程中覆岩裂隙演化过程图。由图 4-5～图 4-12可知，当工作面推进 10 m 时，第一岩层出现局部离层，最大离层高度为 3 m；当工作面推进 21.5 m 直接顶垮落时，第一岩层呈现不规则垮落，断块长度为 5 m；当工作面推进 34 m、38 m 时，直接顶继续垮落，断块长分别为 7 m、3 m，第二岩层出现离层。

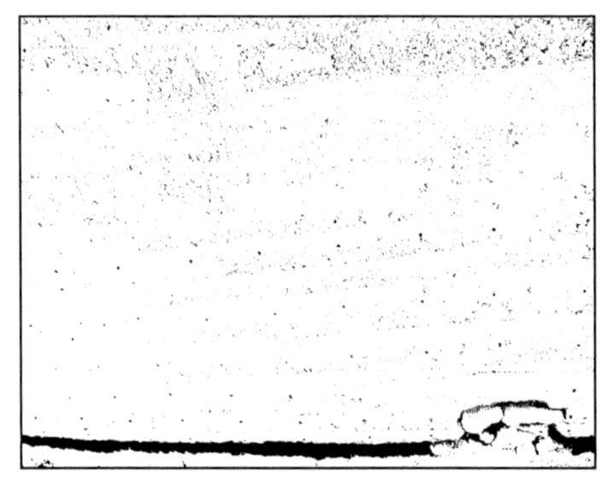

图 4-5　工作面推进 10 m 覆岩裂隙图

图 4-6　工作面推进 20 m 覆岩裂隙图

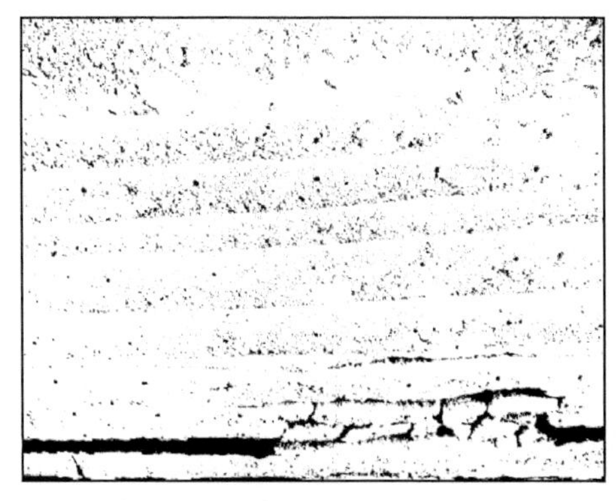

图 4-7　工作面推进 40 m 覆岩裂隙图

图 4-8　工作面推进 60 m 覆岩裂隙图

图 4-9　工作面推进 120 m 覆岩裂隙图

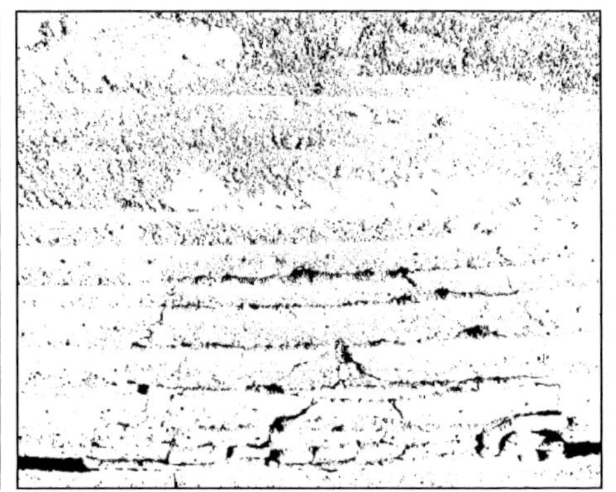

图 4-10　工作面推进 140 m 覆岩裂隙图

图 4-11 工作面推进 150 m 覆岩裂隙图

图 4-12 工作面推进 160 m 覆岩裂隙图

当工作面推进 44 m 初次来压时，第二岩层垮落，呈现两段岩梁，长度分别为 16 m 和 9 m，岩层垮落角为 62°，第三、四岩层出现离层，最大离层高度为 2 m。

当工作面推进 62 m 时，基本顶再一次垮落，出现第一次周期来压，第三、四岩层离层量加大，第五层出现离层；当工作面推进 84 m、108 m 时，基本顶分别垮落，岩层垮落角为 68°和 65°，断块长度为 12～32 m，第六层出现了离层，其他离层区域离层量加大；当工作面推进 128 m 时，第五层开始垮落，第七、八层开始离层，最大裂隙高度达到 104 m。

当工作面推进 162 m 时，第七层垮落，岩层垮落角为 56°，断块长度为 8～18 m，最大裂隙高度为 171 m，这在第 5 章图 5-5～图 5-12 中会有所表现。根据试验数据统计，相似模拟工作面周期来压步距为 18～24 m。

随着工作面的回采，覆岩下落岩块相互铰接，形成大量裂隙空间，垮落覆岩破裂后的体积会大于破裂前的体积，可采用碎胀系数来描述垮落覆岩裂隙的分布特征及煤岩体的松散程度。

$$K=\frac{V_n}{V_b}=1+\frac{M-\Delta h}{h} \tag{4-1}$$

式中 K——碎胀系数；

V_b,V_n——岩体破裂前和破裂后体积，m^3；

M——采高，m；

Δh——第 n 排测线测点下沉值，m；

h——第 n 排测线岩体破裂前与顶板之间的距离,m。

图 4-13 是工作面推进 150 m 时沿走向碎胀系数分布图。由图 4-13 可知,碎胀系数沿走向呈现两头大、中间小的分布特征,工作面推进 0～40 m 基本顶初次垮落期间,碎胀系数逐渐增大,最大达到了 1.19,之后随着中部采空区的压实,碎胀系数变小并呈现周期性变化,在工作面附近,受煤壁支撑作用的影响,此处的碎胀系数突然增大,最大达到了 1.21,说明这个区域存在大量的裂隙。在垂直方向上,第一、二测线所在岩层碎胀系数较大,说明这个范围处于垮落带区域,第三、四、五测线碎胀系数较小,说明处于裂隙带内岩体垮落的幅度较小,最大碎胀系数为 1.11。工作面推进 140 m 时,碎胀系数总体特征是随着工作面的推进呈现周期性动态变化,切眼和工作面附近碎胀系数较大,存在大量的孔隙。

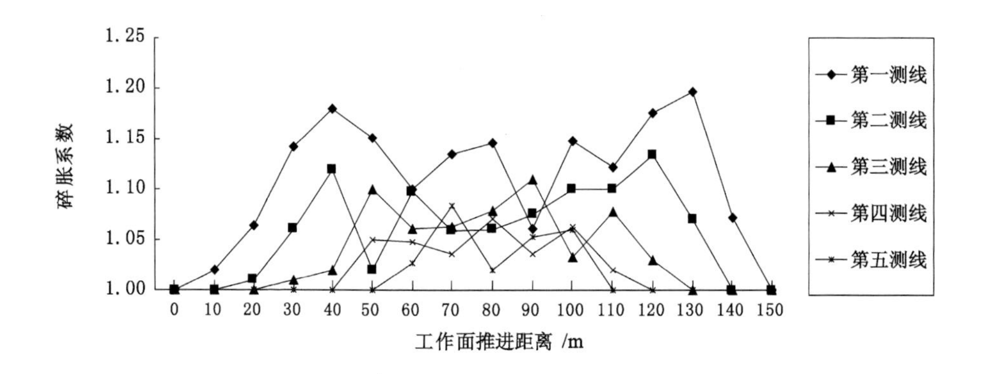

图 4-13　工作面推进 150 m 沿走向碎胀系数分布图

4.1.4　覆岩位移及底板应力变化分析

根据相似模拟试验记录结果绘制了工作面推进 40 m、60 m、150 m 底板应力变化图(图 4-14)。从图 4-14 中可以得出底板应力变化规律,从工作面向推进方向大致可以分为四个区:① 采空区和工作面所在的区域为采后应力降低区,由于煤层的回采,此区域支承压力明显降低,顶板垮落之后支承压力又有一定程度的升高,呈周期性变化,属于图 4-15 中的塑性流动区,岩体沿主控破裂面横向张开并不断地发展,在残余应力的作用下,岩体产生大规模裂隙,此区域是瓦斯抽采的主要场所。② 工作面煤壁前方 10～20 m 范围内处于采前应力升高区,在垂直应力的作用下,应力集中系数达到最大,属于图 4-15 中的塑性滑移区,塑性滑移区岩体的变形主要是沿主控断裂面滑移以及张开,尚未发展,此区域也是瓦斯抽采区域。③ 支承压力在峰值区前方为采前应力降低区，大约 80～110 m，此处为图 4-15 中的损伤区和弹性区，煤体裂隙处于封闭、收缩阶段，煤层透气性较低，不宜进行大规模的瓦斯抽采。④ 采前应力平稳区，此区域距离工作面较远，不受采动的影响，应力较平稳。

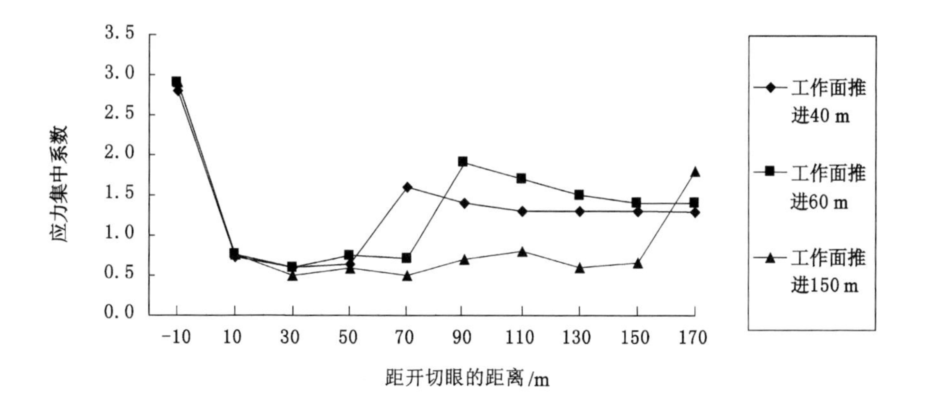

图 4-14　底板应力变化图

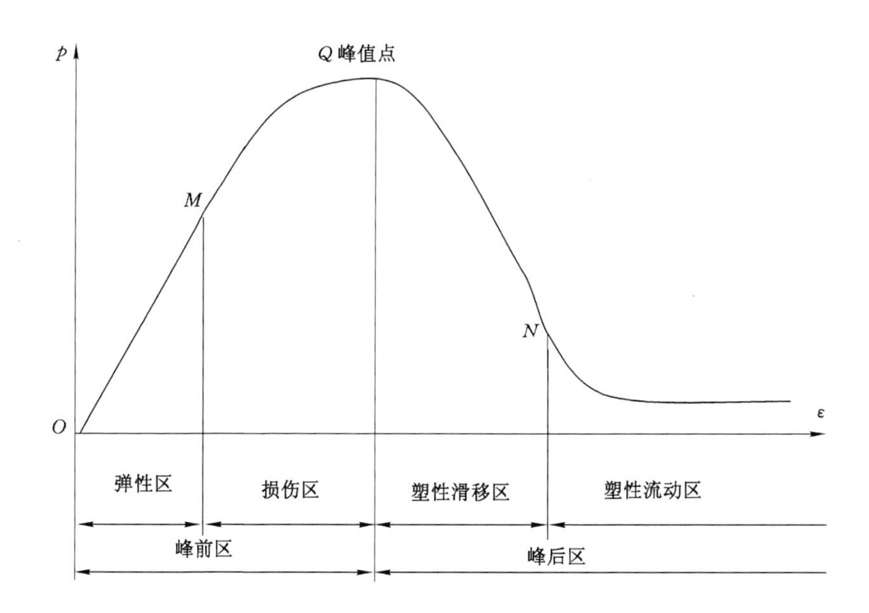

图 4-15　岩体(岩石)全应-力应变曲线分区图

图 4-16 和图 4-17 分别是工作面推进 108 m、128 m 覆岩测线位移变化图。从图 4-16 和图 4-17 中可以得出，直接顶、基本顶以及上覆岩层随着工作面的推进发生破断，位移变化较大。第一测线和第二测线移动的距离较大，可以认为是垮落带区域；第三、四、五测线移动的距离较小，可以认为是裂隙带范围；第五测线以上至地表位移量很小，可以认为是弯曲下沉带范围。随着工作面的推进，覆岩逐层垮落，形成每个阶段的“三带”特征。

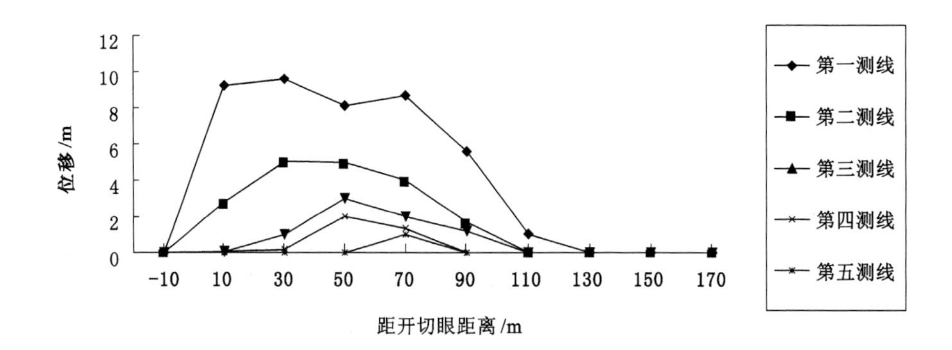

图 4-16　工作面推进 108 m 覆岩测线位移变化图

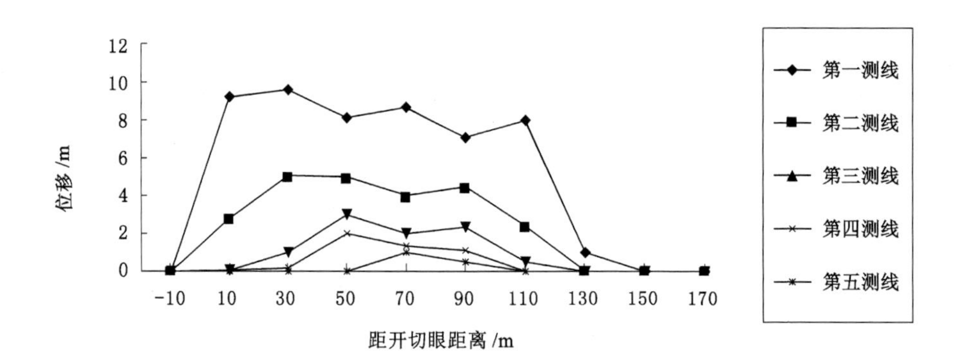

图 4-17　工作面推进 128 m 覆岩测线位移变化图

4.2　现场实测与相似模拟对比分析

由于 3312 工作面与 3322 工作面相邻且具有相似的地质条件，因此可以根据 3312 工作面现场实测的矿压资料与 3322 工作面相似模拟结果进行对比分析。

3312 工作面的常规观测分为工作面观测和平巷观测，其中工作面观测包括矿压观测、支架活柱缩量观测和统计观测。矿压观测，即利用压力表分别在工作面 10#、30#、50#、70#、90# 液压支架处布置 5 条观测线，观测支架前、后柱工作阻力的变化情况。支架活柱缩量观测，即用标记法在工作面上、下部布置 2 条观测线，在移架后、移架前测量活柱下缩量，根据循环的次数，可计算出循环下缩量和下缩速度，其测线与支架阻力测线对应布置，分别布置在 40#、70# 支架上。统计观测，即沿工作面采煤机移动方向每隔 40 架作为一观测剖面，矿压部门每天统计一次端面顶板的破碎及煤壁的片帮情况，同时统计支架安全阀开启量、顶煤冒落状况和支架因顶板压力损坏的部件等。平巷观测包括巷道围岩变形观测和巷道围岩表面位移观测。巷道围岩变形观测，即在轨道巷超前工作面 150 m 范围内，每间隔 40 m 安设 1 台顶板动态观测仪，用于监测平巷顶底板的相对移近量，从而推断顶板的运动过程和状态。动态观测仪的编号始终由煤壁起依次为 1#～3#，当 1# 动态观测仪距煤壁不足 1 个循环的距离时，需将其回撤，并重新支设在原 3# 动态观测仪的前面，同时调整各动态观测仪的编号，使其编号仍然从煤壁起依次为 1#～3#。巷道围岩表面位移观测，即利用平巷成巷期间设置的观测基点，并视情况补设部分基点，在轨道巷、运输巷分别距切眼 150 m 处布置 2 个测区，用测尺测量巷道受采动影响过程中的顶底板及两帮移近量，每天观测 1 次，根据观测时间可计算出移近速度。

由表 4-4 可知，工作面初次垮落平均步距为 22.6 m，初次来压平均步距为 39.4 m，周期来压平均步距为 19.5～21.1 m，而相似模拟模型数据初次垮落步距为 21.5 m，初次来压步距为 44 m，周期来压步距为 18～24 m。

表 4-4　　　　来压步距观测结果

时期	来压步距/m		平均步距/m
	进风巷	回风巷	
初次垮落	25.7	19.4	22.6
初次来压	41.8	36.9	39.4
第一次周期来压	21.1	17.8	19.5
第二次周期来压	23.6	18.5	21.1
第三次周期来压	22.9	17.2	20.1

4.3 3322工作面“S”形覆岩空间裂隙带高度的确定

图4-18和图4-19是数值模拟和相似模拟揭示的工作面覆岩破坏区最大裂隙带高度与工作面推进距离关系图。由图4-18和图4-19可知,“S”形覆岩空间裂隙带的最大高度随着工作面的推进呈阶梯状上升,当工作面推进至采空区见方阶段,由数值模拟确定的3322工作面覆岩破坏区最大裂隙带高度为171 m,由相似模拟确定的3322工作面覆岩破坏区最大裂隙带高度为168 m。“S”形覆岩空间裂隙场在水平方向是动态变化的,在垂直方向上的最大高度可以通过物理相似模拟、数值模拟、经验公式和现场观测确定。

“S”形覆岩空间裂隙带上覆高度范围,初采期间为数值模拟中的塑性区范围,当工作面进入见方阶段,与本工作面上覆采空区沟通,裂隙带高度可直达上一水平或直至地表。

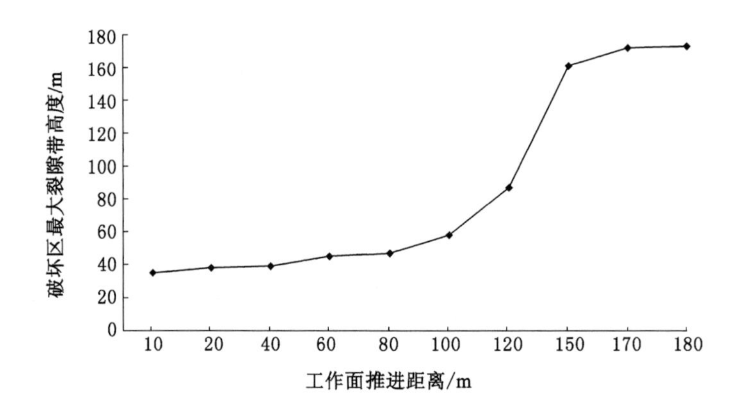

图4-18 数值模拟揭示的工作面覆岩破坏区最大裂隙带高度与工作面推进距离关系

对于采动裂隙带高度的划分,一些科研单位和矿区做了一些经验性的研究,根据大量实测资料总结出了计算垮落带最大高度(相当于垮落带岩层厚度)与裂隙带最大高度(相当于垮落带及裂隙带岩层总厚度)的经验公式(当煤层倾角小于55°时)。

常用的垮落带、裂隙带高度计算如下:

(1) 垮落带最大高度 H_1。

中硬覆岩:

$$H_1=\frac{100M}{4.7M+19}\pm 2.2 \tag{4-2}$$

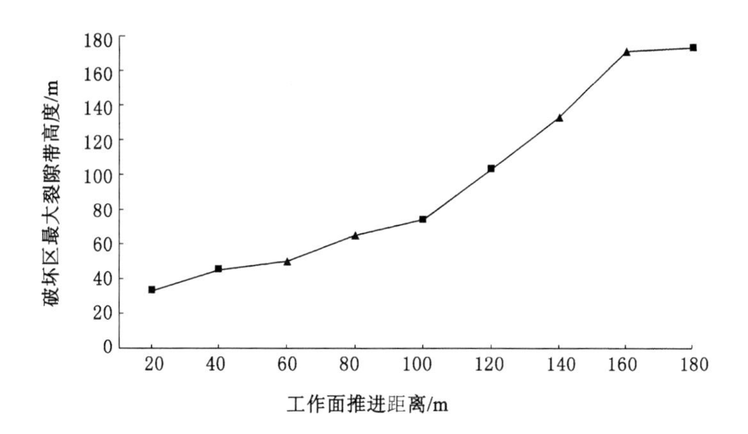

图 4-19 相似模拟揭示的工作面覆岩破坏区最大裂隙带高度与工作面推进距离关系

(2) 裂隙带最大高度 H_2。

中硬覆岩:

$$H_2=\frac{100M}{1.6M+3.6}\pm 5.6 \tag{4-3}$$

根据上述经验公式计算得到,五龙矿 3322 综放工作面垮落带高度为 13.7～18.1 m,裂隙带高度为 47.0～58.2 m。应用上述公式计算出的结果和数值模拟、相似模拟以及实际钻孔资料反映的情况有很大的误差。

随着矿井向深部开采,煤层的垂直应力增大,加之采用综放开采方式,上覆岩层的垮落情况有很大的变化,因此总结分析深部综放开采裂隙带划分的经验公式,对于深部矿井开采具有实际的意义。根据义马千秋矿、开滦范各庄矿等地深部综放工作面地面钻孔探测的经验,以及煤炭科学研究总院沈阳研究院负责的"十一五"课题"地面钻孔抽采采动影响煤层瓦斯工艺技术"对于上覆岩层采动裂隙划分所做的工作,针对五龙矿具体条件采用实际钻孔资料拟合的方法,应用 MATLAB 软件对上述公式进行了初步的修正(见图 4-20)。由于拟合数据较少,不能代表大多数矿井,只针对五龙矿垮落带、裂隙带高度进行了探讨,经拟合后的公式为:

$$H_1=\frac{100M}{0.782M+26.18}\pm 3.8 \tag{4-4}$$

$$H_2=\frac{100M}{0.194M+4.33}\pm 6.9 \tag{4-5}$$

经计算得出的 3322 工作面垮落带、裂隙带最大高度分别为 29.9～37.5 m,173.3～187.1 m,与数值模拟和相似模拟的结果相近。

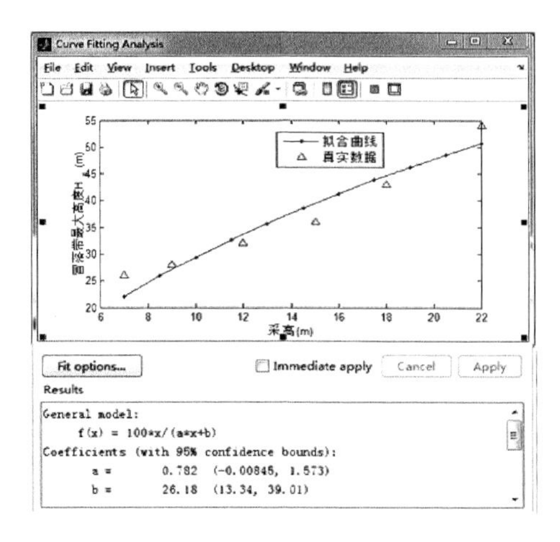

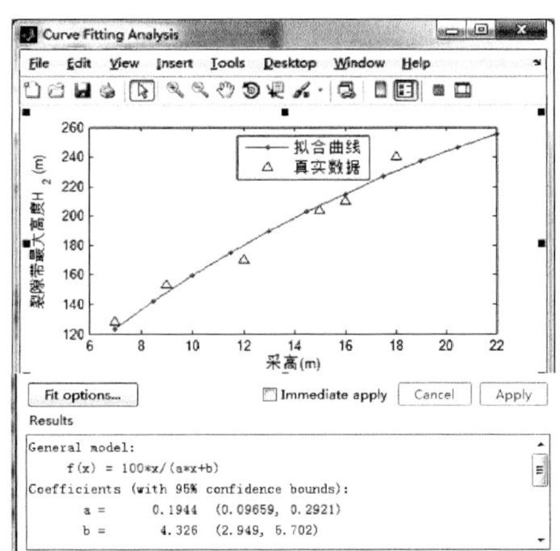

图 4-20　垮落带、裂隙带最大高度 MATLAB 拟合图

4.4　相邻及上覆采空区的沟通方式

新老采空区覆岩沟通渠道主要是上覆采空区、下保护层采空区、相邻采空区等。新老采空区覆岩在区段煤柱区沟通，区段煤柱承受上覆岩层运动的动压和垂直静压，在高垂直应力和低侧向应力的作用下，区段煤柱会产生塑性拉伸破坏和剪切破坏。图 4-21 是利用 Fish 语言编制计算工作面回采 40 m、150 m 剪切应力和拉伸应力破坏区域体积计算程序图。由图 4-21 可以得出，剪切应力和拉伸应力数值相差 4 个数量级，剪切应力破坏区域体积值增加得较快，说明在回采过程中，煤岩体的破坏主要以剪切应力为主，局部产生拉伸应力破坏区。

煤柱强度计算公式(Bieniawski 公式)为：

$$\sigma_p = \sigma_m \left(0.64 + 0.36 \frac{w}{h}\right) \tag{4-6}$$

式中　σ_m——立方体试件的强度，MPa；

w——煤柱宽度，m；

h——煤柱高度，m。

煤柱强度一般为 5.8～9.1 MPa，煤柱在高垂直应力和低侧向应力的作用下发生破坏。

$$\sigma_v > \sigma_p \tag{4-7}$$

式中　σ_v——覆岩垂直应力。

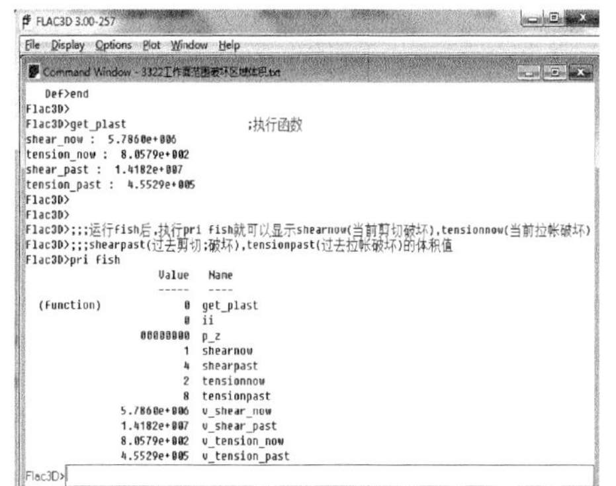

图 4-21　工作面回采 40 m、150 m 剪切应力与拉伸应力破坏区域体积计算程序图

图 4-22 是 3322 工作面区段煤柱垂直应力分布图。从图 4-22 中可以得出，新老采空区覆岩中间的区段煤柱垂直应力在 15.6～28.56 MPa 之间，见图中的虚线圈。根据前面经验公式计算煤柱强度的结果和图 4-22 的结果对比分析，得出区段煤柱的垂直应力超过了区段煤柱的抗压强度，区段煤柱已发生塑性变形。

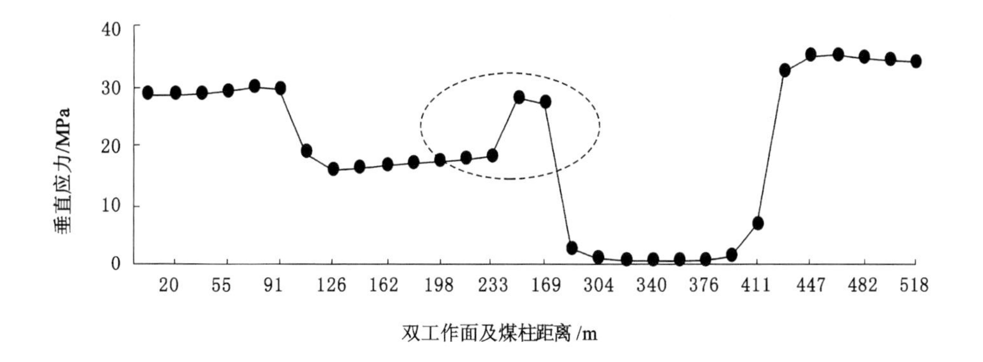

图 4-22　3322 工作面区段煤柱垂直应力分布图

根据前面数值计算得出新老采空区覆岩在工作面附近区段煤柱区已经沟通，在现场实践过程中，经常有瓦斯异常涌出却找不到瓦斯来源和监测束管被水淹的情况，这些现象有可能是老采空区的水和瓦斯通过区段煤柱区或者上覆沟通裂隙区进入新采空区。为验证新老采空区裂隙是否沟通，可在老采空区打钻

孔或者在密闭探孔中注入 SF_6 示踪气体，通过在回风隅角处能否接收到 SF_6 示踪气体来证明新老采空区裂隙是否沟通。

图 4-23 和图 4-24 分别是竖向台阶裂隙和横向层间裂隙相似模拟图。随着工作面的回采，在区段煤柱区发生强剪切破坏，区段煤柱边缘区产生断裂，上方形成悬臂梁结构，产生竖向台阶裂隙；覆岩各层的岩性差别很大，在运动过程中，岩层之间挠曲不同就会产生横向层间裂隙。

图 4-23　竖向台阶裂隙相似模拟图

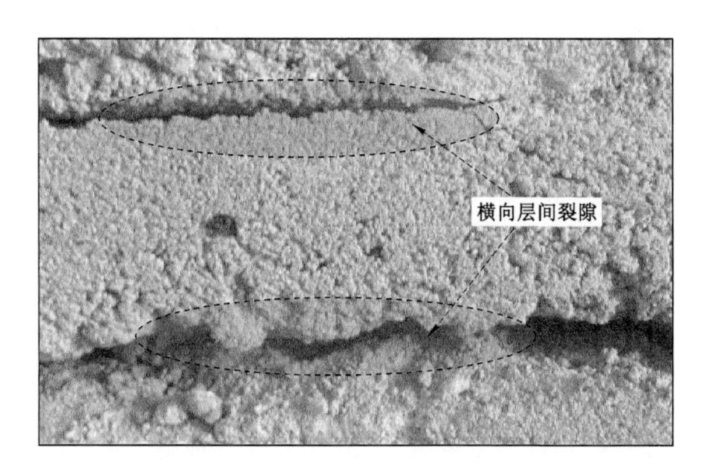

图 4-24　横向层间裂隙相似模拟图

4.5 覆岩采动裂隙场力学角度定量描述探讨

受力物体内质点处于应力状态时，必须同时考虑所有的应力分量。在一定的变形条件下，只有当各应力分量之间符合一定关系时，质点才开始进入塑性状态，这种关系称为屈服准则，也称塑性条件。它是描述受力物体中不同应力状态下的质点进入塑性状态并使塑性变形继续进行所遵守的力学条件，一般表示为：

$$f(\sigma_{ij})=C \tag{4-8}$$

H.屈雷斯卡(H. Tresca)屈服准则：应力强度是第三强度理论得到的当量应力，其值为第一主应力减去第三主应力。

当受力质点中的最大切应力达到某一定值时，该物体就发生屈服。

若规定主应力的大小顺序为 $\sigma_1 \geqslant \sigma_2 \geqslant \sigma_3$，则有：

$$|\sigma_1-\sigma_3|=2K \tag{4-9}$$

破坏形式：屈服。

破坏因素：最大切应力。

屈服破坏条件：

$$\tau_{\max}=\tau_u=\frac{\sigma_s}{2} \tag{4-10}$$

$$\tau_{\max}=\frac{\sigma_1-\sigma_3}{2} \tag{4-11}$$

$$\sigma_1-\sigma_3=\sigma_s \tag{4-12}$$

强度条件：

$$\sigma_1-\sigma_3 \leqslant [\sigma] \tag{4-13}$$

根据前面微震的研究、五龙矿的具体条件以及第三强度准则，可以认为主应力差分区与破裂区范围相近，可根据主应力差分区的特点来间接描述随着工作面推进围岩的发育状况。图 4-25 是工作面推进 40 m(初次来压阶段)、工作面推进 60 m(第一次周期来压阶段)、工作面推进 150 m(采空区一次见方阶段)、工作面推进 300 m(采空区二次见方阶段)主应力差区域分布的平、剖面图。从图 4-25 中可知，主应力差等值线在 5 MPa、15 MPa 的区域附近具有明显的分区性，再结合前面的研究成果，可以把 5 MPa、15 MPa 等值线作为“三带”划分的依据，在采空区外侧大于等于 15 MPa 的等值线区域为裂隙带范围，小于 15 MPa 的等值线区域为弯曲下沉带范围；在采空区内侧以 5 MPa 等值线作为垮落带和裂隙带的划分界限。

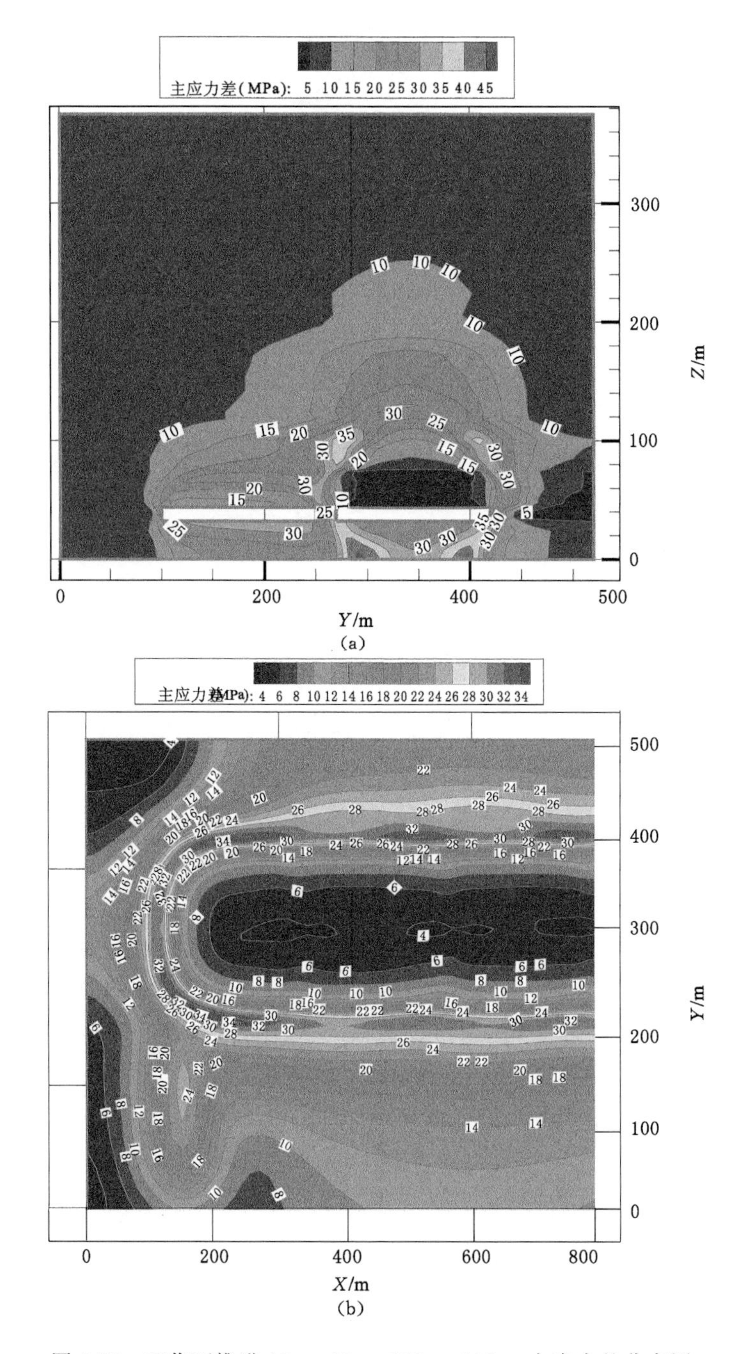

图 4-25 工作面推进 40 m、60 m、150 m、300 m 主应力差分布图

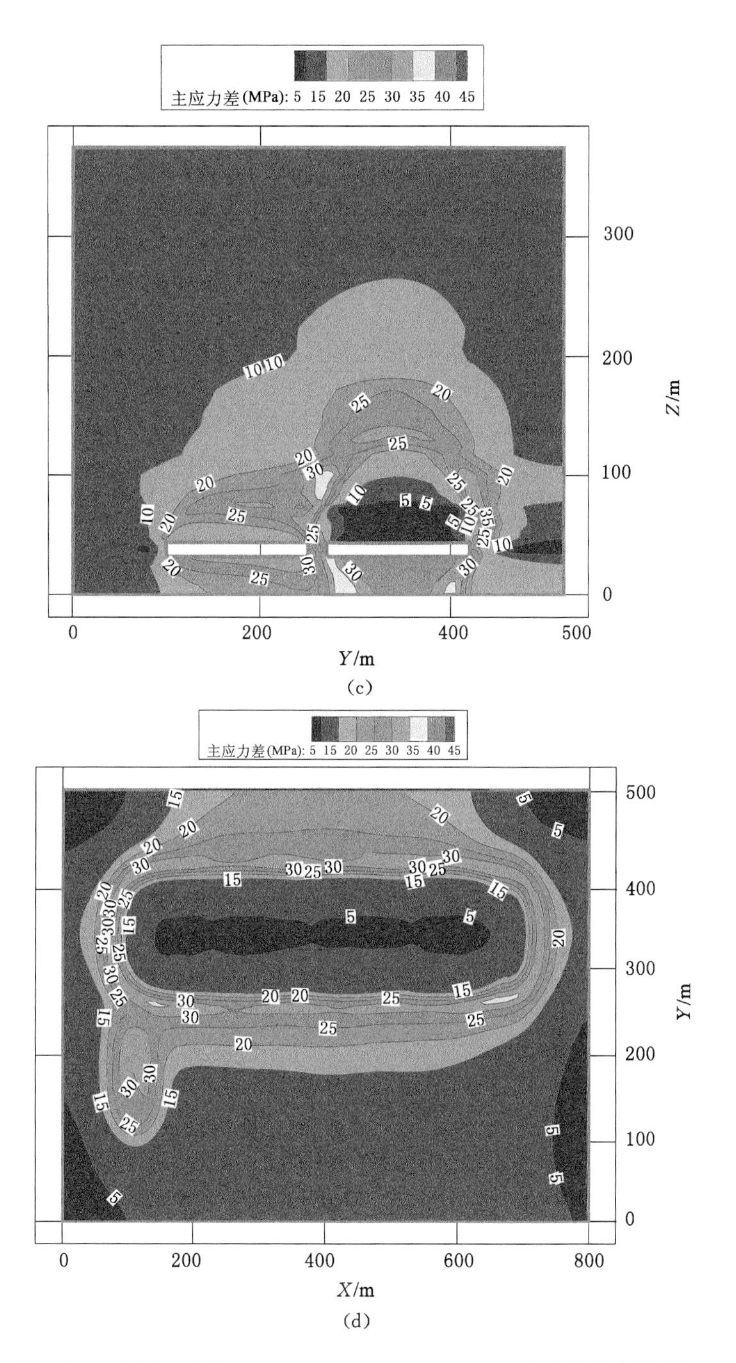

图 4-25 工作面推进 40 m、60 m、150 m、300 m 主应力差分布图(续)

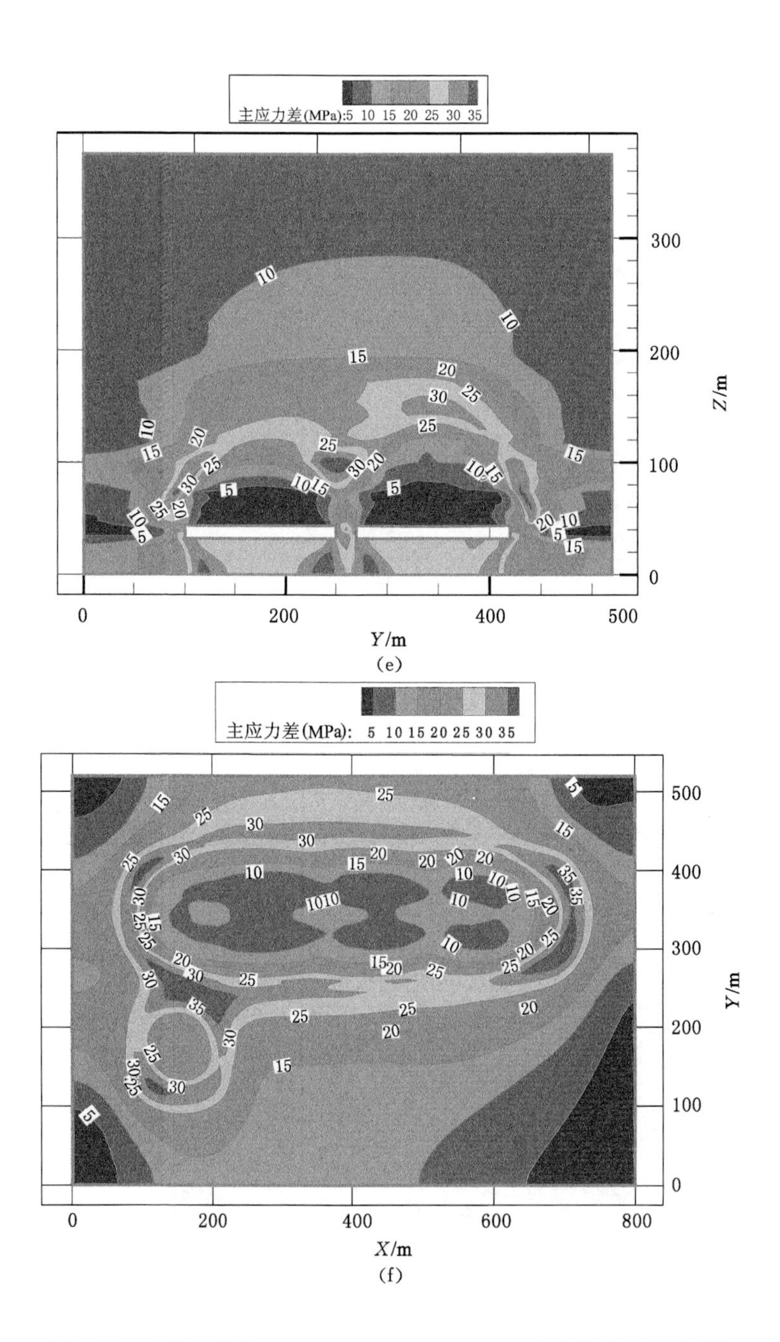

图 4-25 工作面推进 40 m、60 m、150 m、300 m 主应力差分布图(续)

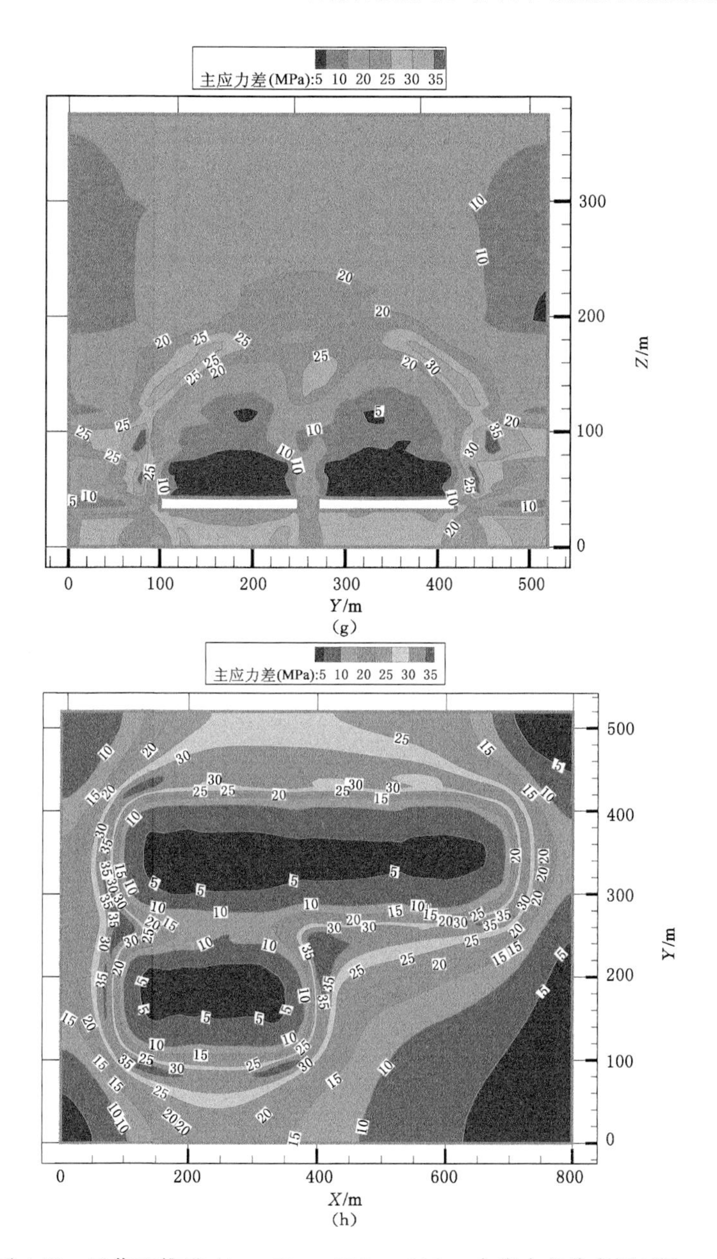

图 4-25 工作面推进 40 m、60 m、150 m、300 m 主应力差分布图(续)

(a) 工作面推进 40 m 剖面图;(b) 工作面推进 40m 平面图;(c) 工作面推进 60 m 剖面图;(d) 工作面推进 60 m 平面图;(e) 工作面推进 150 m 剖面图;(f) 工作面推进 150 m 平面图;(g) 工作面推进 300 m 剖面图;(h) 工作面推进 300 m 平面图

在采空区工作面以及回风巷道两侧是主应力差集中的区域，在 15～30 MPa之间，差分值远大于煤体的抗压和抗剪强度，主应力差分区在工作面、回风巷两侧、新老采空区范围内呈“S”形分布，构成了“S”形覆岩空间裂隙场的空间结构。

图 4-26 和图 4-27 是工作面推进 300 m 沿走向、倾向主应力差分布曲线图。由图 4-26 和图 4-27 可知，第二、三、四测线主应力差区域主要分布在区段煤柱上部以及新老采空区两侧上部区域，第五测线主要分布在采空区和区段煤柱区上部裂隙带内，是主应力差区域分布的重要位置，也是覆岩瓦斯抽采的重要区域。在走向上，主应力差区域主要集中在采空区上部的裂隙带内以及煤壁前方局部区域；主应力差分区随着采煤工作面的推进而呈动态变化，这也决定了高效的瓦斯抽采也要采用分时分区的抽采模式。

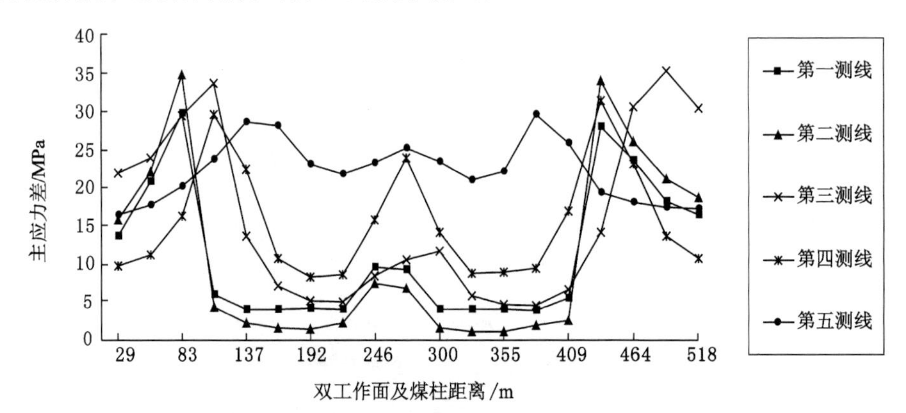

图 4-26　工作面推进 300 m 沿倾向主应力差分布曲线图

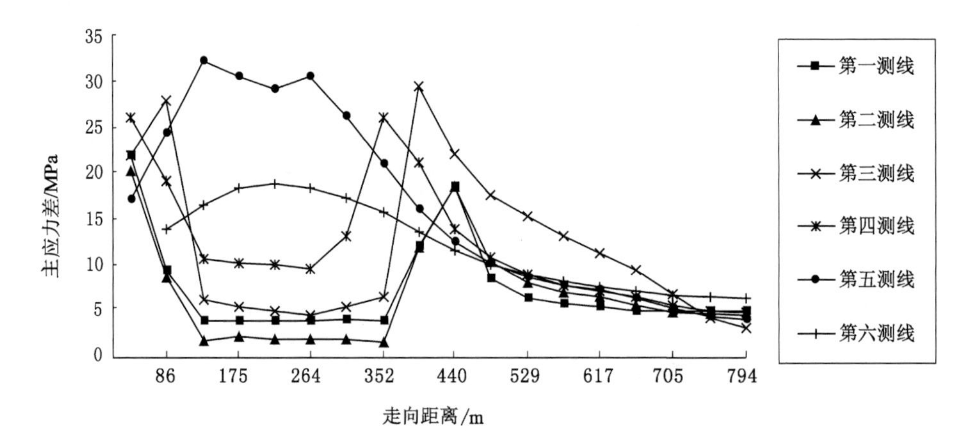

图 4-27　工作面推进 300 m 沿走向主应力差分布曲线图

由于覆岩裂隙场的复杂性，在塑性区内应力和位移不具有一一对应关系，但应力增量和位移增量具有一定的关系。从当量应力的角度出发，对间接描述当量裂隙场的指标进行了探讨，提出了当量裂隙度指标，应用当量裂隙度判据来间接表征覆岩采动裂隙的发育程度，从而研究采动卸压瓦斯的渗透率变化情况。覆岩随着工作面推进经历扰动失稳、破裂、发展、裂隙闭合、垮落到压实等过程，当主应力差超过覆岩剪切强度时，覆岩开始发生剪切破坏，基于此，当量裂隙度指标是反应剪切破坏程度的量。

当量裂隙度 $f(I)$ 的计算公式为：

$$f(I)=\frac{\sigma_1-\sigma_3}{[\tau]} \tag{4-14}$$

式中 $(\sigma_1-\sigma_3)$——当量应力，MPa；

$[\tau]$——岩体剪切强度，MPa。

根据国际岩石力学学会建议的方法及摩尔-库仑定律可得：

$$\sigma_c=\frac{2C}{\sqrt{2\tan^2\varphi+1}-\tan\varphi} \tag{4-15}$$

$$\sigma_t=\frac{2C}{\sqrt{2\tan^2\varphi+1}+\tan\varphi} \tag{4-16}$$

$$\frac{\sigma_c}{\sigma_t}=\frac{\sqrt{2\tan^2\varphi+1}+\tan\varphi}{\sqrt{2\tan^2\varphi+1}-\tan\varphi}=m \tag{4-17}$$

$$\sigma_i=\frac{2m\tau-\sigma_c\cos\varphi}{\cos\varphi(m-1)} \tag{4-18}$$

$$\sigma_j=\frac{2\tau-\sigma_c\cos\varphi}{\cos\varphi(m-1)} \tag{4-19}$$

$$\sigma_i=0\text{ 时，}\tau=\frac{\sigma_c}{2}\cos\varphi$$

式中 σ_t——煤（岩）体抗拉强度，MPa；

σ_c——煤（岩）体抗压强度，MPa；

σ_i——轴压，MPa；

σ_j——围压，MPa；

m——斜率。

由于缺少实测剪切强度值，根据理论推导公式和图 4-28 得出剪切强度与抗压强度或抗拉强度的关系，采用前面相似模拟的抗拉强度或抗压强度值，可计算出五龙矿 3322 工作面回采覆岩当量裂隙度的具体数值。

图 4-29 是工作面推进 40 m（初次来压阶段）、80 m（第一次周期来压阶段）、150 m（采空区一次见方阶段）、300 m（采空区二次见方阶段）当量裂隙度分布平

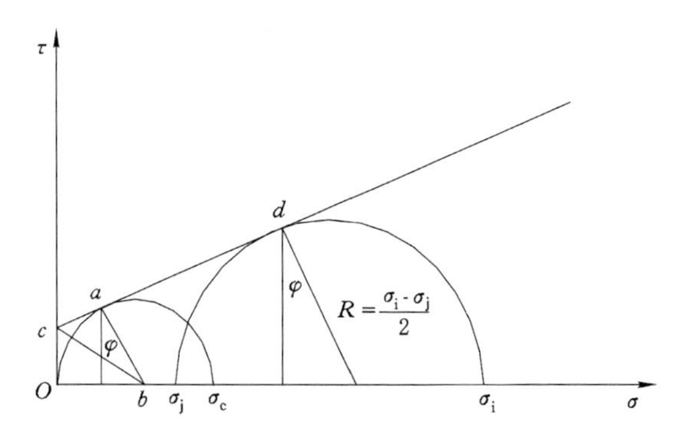

图 4-28　σ_i-σ_j 关系曲线

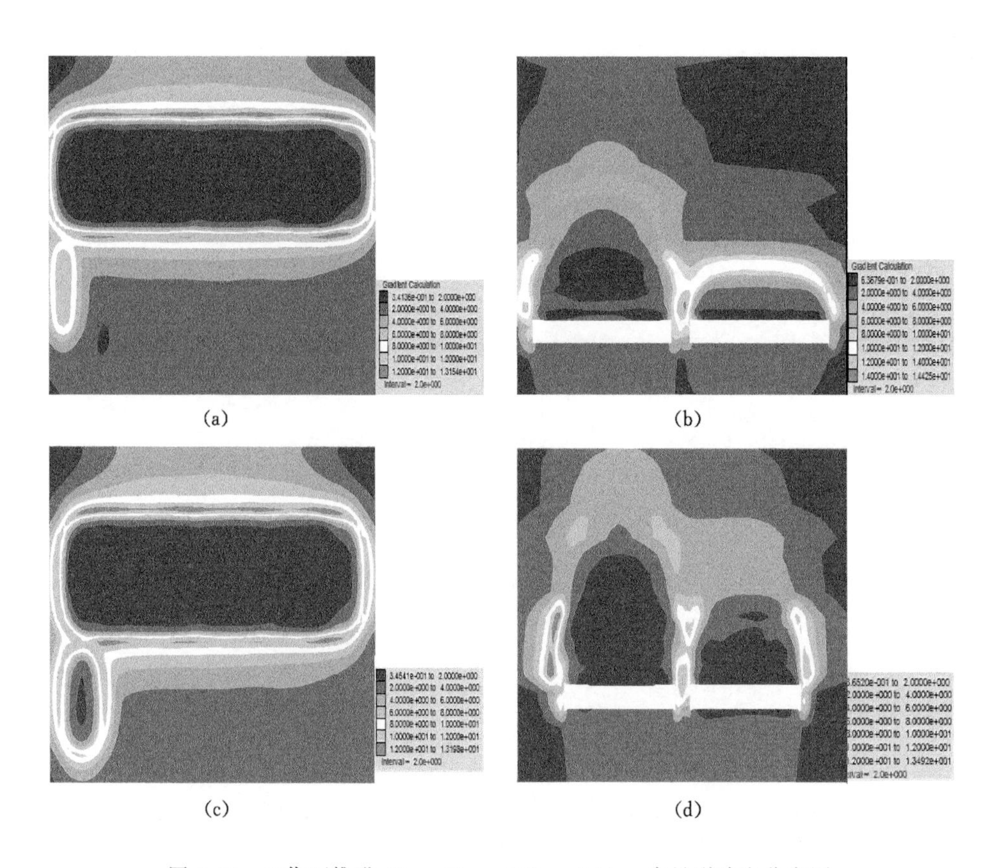

(a)　(b)

(c)　(d)

图 4-29　工作面推进 40 m、80 m、150 m、300 m 当量裂隙度分布图

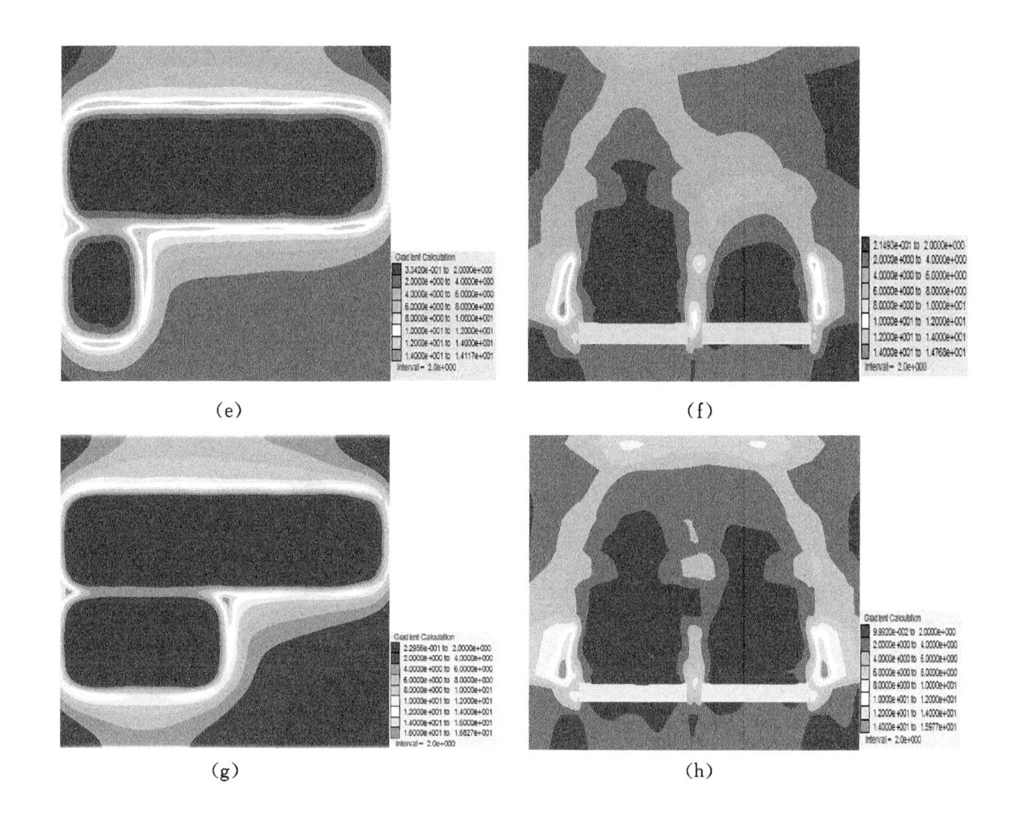

图 4-29　工作面推进 40 m、80 m、150 m、300 m 当量裂隙度分布平面图和剖面图(续)

(a) 工作面推进 40 m 平面图;(b) 工作面推进 40 m 剖面图;(c) 工作面推进 80 m 平面图;(d) 工作面推进 80 m 剖面图;(e) 工作面推进 150 m 平面图;(f) 工作面推进 150 m 剖面图;(g) 工作面推进 300 m 平面图;(h) 工作面推进 300 m 剖面图

面图和剖面图。由图 4-29 及前面的研究结果综合分析得出:$2<f(I)<5$ 时覆岩产生破裂,裂隙中瓦斯解吸;$f(I)\geqslant 5$ 时覆岩破裂发育,裂隙中瓦斯流动。由于有限元模拟软件的局限性,计算结果显示采空压实区属于尚未产生破裂的区域,有待进一步研究。

由图 4-29 可以得出当量裂隙度的空间分布形态,根据计算结果及前面的研究成果得出瓦斯抽采三带划分的判据为:$f(I)\geqslant 5$ 的区域,属于瓦斯抽采带;$2<f(I)<5$的区域,属于瓦斯解吸带;$f(I)\leqslant 2$ 的区域,属于瓦斯难解吸带。

影响岩层破裂发展的因素很多,当量裂隙度只作为瓦斯抽采的工程判据之一来探讨,该指标从全新的角度来分析瓦斯抽采的难易程度,并应用于实践中。

4.6 覆岩采动裂隙场垂直位移角度定量描述探讨

随着工作面的推进，覆岩位移场产生周期性动态演化，如图 4-30 所示，通过数值模拟软件记录位移的变化量，从中可以寻找定量描述覆岩裂隙场的判据。

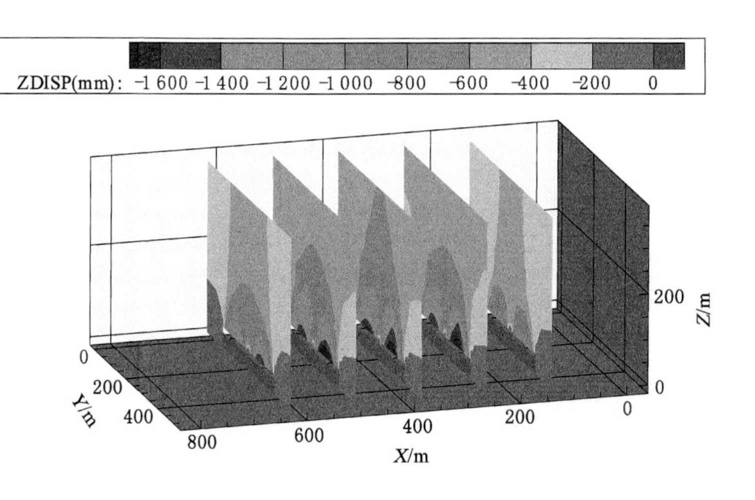

图 4-30 3322 工作面位移演化图

覆岩裂隙场的定量描述主要分析其不同时期的裂隙发展范围，利用定量的手段确定其不同发展阶段的量化指标。通过数值模拟软件得到计算结果，从中选取任意剖面作为分析对象，从任意剖面位移等值线中可以得到新老采空区覆岩沟通“三带”的划分判据，新老采空区覆岩位移等值线具有分带的性质，主要产生的机理是随着工作面的回采，覆岩不同的岩性、不同的跨度产生不同的位移量。在覆岩下部新老采空区在一定范围变化较大，而在覆岩上部新老采空区位移等值线具有一致性。因此，可以认为在新老采空区各自的小结构范围内，位移发生突变区等值线是垮落带与裂隙带的分界线，而垮落带以上到大结构以下，位移等值线放缓作为裂隙带的范围，裂隙带以上位移等值线趋于平缓为弯曲下沉带，如图 4-31所示。

位移等值线作为判据来划分裂隙场的范围得到的结论要超前于主应力差划分裂隙场的范围，因为主应力差导致煤岩体破裂，但贯通裂隙尚未产生，而位移裂隙场已经具备了贯通的条件，因此，覆岩“三带”的划分应当以位移等值线作为划分覆岩裂隙场的主要依据，而以主应力差分区作为划分覆岩裂隙场的补充依

据，贯通裂隙一定产生在主应力差分区附近。

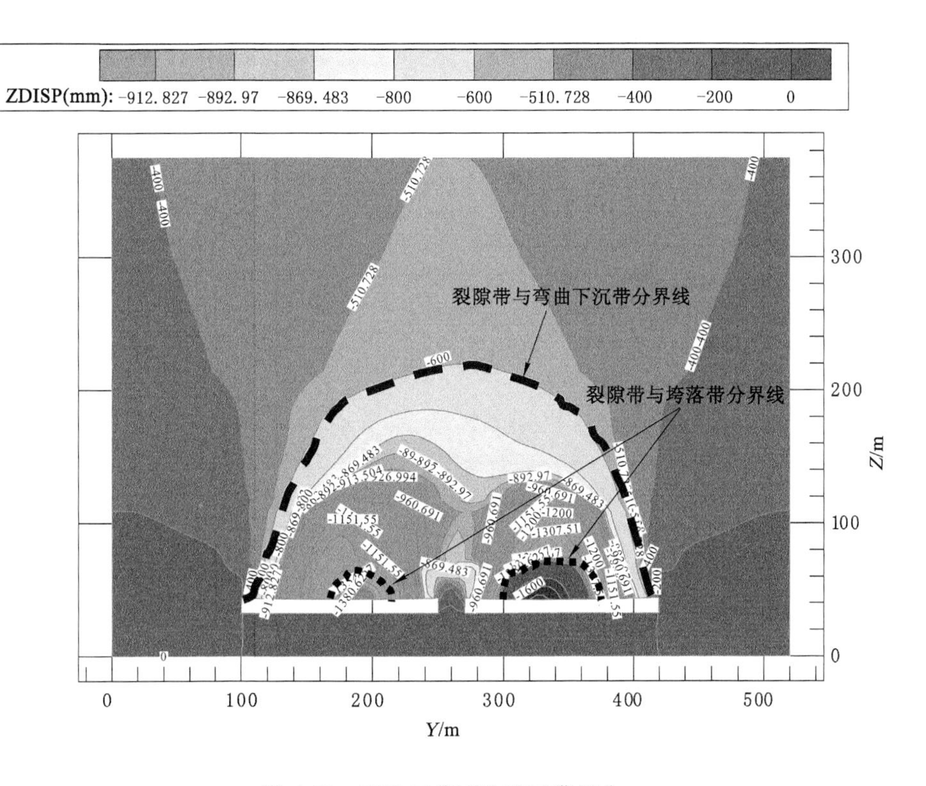

图 4-31　3322 工作面位移三带划分

4.7　“S”形覆岩空间裂隙场的瓦斯抽采验证

“S”形覆岩空间裂隙场内瓦斯抽采主要集中在工作面上方覆岩、采空区上方覆岩裂隙带内，常规的方法是采用顶板高位钻孔抽采裂隙带瓦斯，如图 4-32所示。顶板高位钻孔裂隙带瓦斯抽采是自回风巷道下帮开钻场至顶板，然后向斜上方打钻孔，终孔位置在“S”形覆岩空间裂隙带内，终孔布置在不同的位置，抽采瓦斯的效果大相径庭，说明覆岩裂隙场具有分区性。此方法在单侧采空工作面普遍使用，在天安十矿戊$_{9-10}$-20150、戊$_{10}$-20120 外段、己$_{15}$-24020 等采煤工作面使用顶板高位钻孔抽采覆岩空间裂隙带内的瓦斯，按照“S”形覆岩空间裂隙场范围设计瓦斯抽采参数，瓦斯抽采效果显著。

顶板高位钻孔施工一般超前采煤工作面 200 m，孔深不少于 100 m，每个钻场布置 5 个钻孔，及时与抽采系统相连。终孔位置控制在距离风巷 10～50 m 范

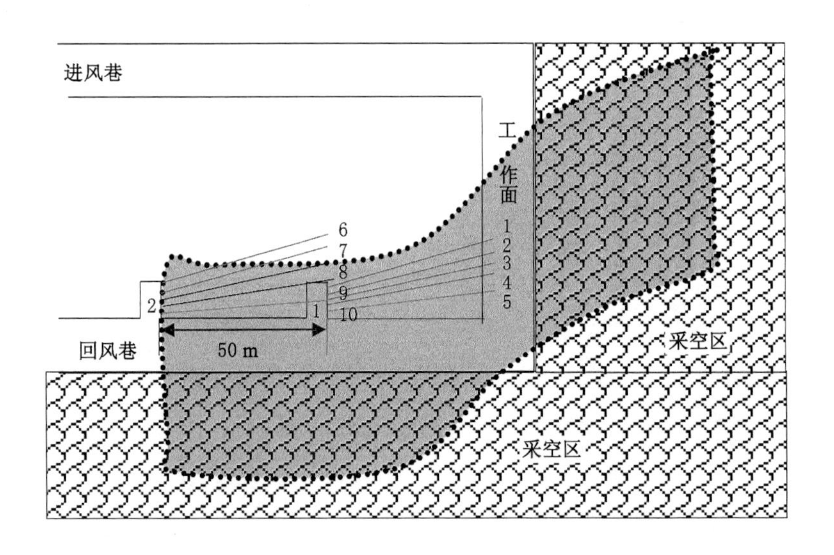

图 4-32　高位钻孔裂隙带抽采

围、顶板以上 10～15 倍采高的区域。在水平方向，要将钻孔布置在受回采动压影响的裂隙带内、“S”形覆岩空间裂隙场的边缘以内、覆岩断裂线的范围之内；在垂直方向上，钻孔应当布置到垮落带以上，这样能够保留钻孔的完整性，发挥钻孔的抽采性能。联网抽采管径一般不小于 300 mm，钻孔联网后，通过采区泵站安设的 2BEC-42 型抽采泵进行抽采，并安设浓度、负压等测定装置，以及一些测试用的孔板流量计。因为孔板流量计的节流作用非常强，因此没有必要为每个钻孔都安装孔板流量计。钻孔参数设计如表 4-5 所列。在己$_{15}$-24020 钻场，单钻场抽采瓦斯纯流量最大为4 m^3/min，平均抽采瓦斯纯流量为 2.5 m^3/min。一般在钻场报废之前都能够进行瓦斯抽采，有效阻截了邻近层瓦斯大量涌向回风巷，同时预抽了一部分围岩瓦斯。钻场的顶板高位钻孔参数设置是瓦斯抽采浓度高低的重要影响因素，钻孔参数应该设置在“S”形覆岩空间裂隙场的范围内，受回采动压的影响，此范围内的瓦斯抽采效果较好。

对表 4-5 和表 4-6 进行数据对比分析，可以得到钻孔的抽采效果与钻孔的布置参数有很大的关系，钻孔的终孔位置应当布置在“S”形覆岩空间裂隙场范围内，而“S”形覆岩空间裂隙场是一个动态变化的物理范围，可进行分时分区抽采。1 号钻场和 2 号钻场的钻孔布置具有分区性，而进行抽采联网具有分时性。1 号钻场钻孔在回采初期开始联网，而 2 号钻场在回采 40 m 之后开始联网，能够达到资源的最优化配置。

表 4-5　钻场钻孔参数

钻场号	钻孔号	水平角/(°)	孔径/mm	仰角/(°)	孔深/m	终孔与风巷水平距离/m	终孔与煤层法线距离/m	钻孔投影长度/m
1	1	28.94	110	19.36	121.12	55.30	40.15	114.27
	2	25.68	110	18.99	117.35	48.09	38.19	110.96
	3	19.98	110	18.37	112.12	36.36	35.34	106.40
	4	17.25	110	18.05	110.13	31.04	34.13	104.71
	5	18.88	110	11.89	108.00	24.19	22.25	105.68
2	6	29.57	110	19.78	122.19	56.75	41.35	114.98
	7	28.63	110	18.51	120.15	54.59	38.15	113.93
	8	23.84	110	18.39	115.21	44.19	36.34	109.33
	9	18.06	110	17.02	110.00	32.62	32.19	105.18
	10	19.38	110	11.29	108.10	25.18	21.16	106.01

表 4-6　工作面推进距离与钻孔瓦斯浓度关系

推进距离/m		10	40	70	90	130	160	190
钻场号	钻孔号	钻孔瓦斯浓度/%						
1	1	3	16	21	5	0	0	0
	2	5	22	25	15	0	0	0
	3	8	22	25	8	0	0	0
	4	8	25	55	10	0	0	0
	5	10	25	29	11	0	0	0
2	6	0	2	15	17	20	24	15
	7	0	3	15	17	21	26	22
	8	0	3	17	19	25	38	18
	9	0	5	18	21	25	41	29
	10	0	6	20	22	26	31	20

5 深部煤层开采"S"形覆岩空间裂隙场内卸压瓦斯流动规律及其数值模拟研究

根据前面研究结论可知，随着工作面的推进，新采空区上方岩层产生横向层间裂隙和竖向台阶裂隙，老采空区上方裂隙区受到采动应力的作用以及裂隙场的叠加，新老采空区覆岩裂隙相互沟通，产生了瓦斯运移通道。采空区上方瓦斯运移本身呈现出多态性，新老采空区覆岩沟通瓦斯运移规律更加复杂，本章结合多孔介质、流体力学、渗流力学等理论，对新老采空区上覆岩层运动形成的"S"形覆岩空间裂隙场内瓦斯运移规律进行探讨，建立组合数学模型，为裂隙场内瓦斯运移的数值计算提供理论基础。

5.1 多孔连续介质流动理论

连续流体是大量分子组成的集合体，且处于不停的运动中，质点的流体和流动性质是分子平均起来的统计值，在流体占据的整个区域内的任何点，都具有一定动力学性质和能量性质。

研究流体在多孔介质中的运动，需要把多孔介质看成是连续的。多孔介质是指含有大量孔隙的固体，也就是固体材料中含有孔隙、微裂隙等各种类型的介质。多孔介质以固相介质为骨架，其中包含一部分孔隙空间，孔隙内可以是气体或液体，也可以是多相流体。孔隙空间是相互连通的，流体能在这部分连通的孔隙中流动。多孔介质中任意一点 $p(x,y,z)$，围绕该点取一个包含足够多孔隙的体元 ΔV_i，ΔV_i 内孔隙的容积为 $(\Delta V_p)_i$，点 p 是孔隙空间的形心，定义体元 ΔV_i 中平均孔隙度为：

$$n_i=\frac{(\Delta V_p)_i}{\Delta V_i} \tag{5-1}$$

考虑到运动过程中多孔介质可能发生变形，可在某一确定时刻 t，围绕点 p 取一系列体元，并且这些体元逐渐缩小，即 $\Delta V_1>\Delta V_2>\Delta V_3>\cdots>\Delta V_i$，则有 $(\Delta V_p)_1>(\Delta V_p)_2>(\Delta V_p)_3>\cdots>(\Delta V_p)_i$，这样就得到了一系列的平均孔隙度

$n_1, n_2, n_3, \cdots, n_i$。在 $n_i - \Delta V_i$ 的坐标中把这些点连接起来可得到如图 5-1 所示的曲线。

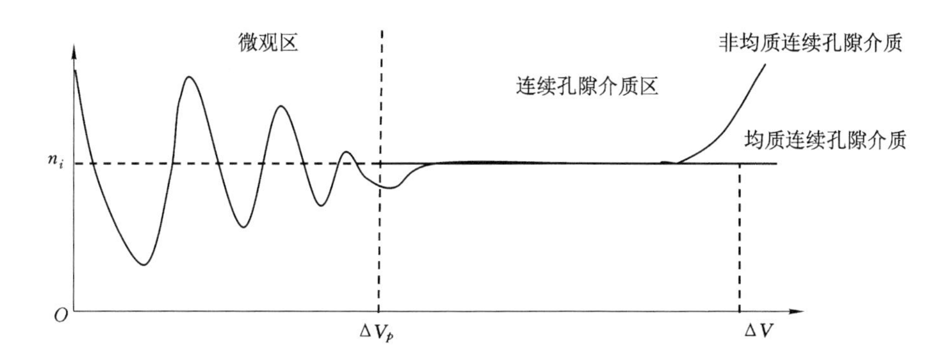

图 5-1 连续孔隙与单元体的定义

工作面回采之后，覆岩产生裂隙空间，如果把整个裂隙空间看作一个整体，就形成了多孔介质体，其中瓦斯、空气等在多孔介质体内流动，覆岩裂隙对于整个裂隙空间来说是连续的，只占有一部分。因此，采后覆岩裂隙场可以看作多孔介质体，瓦斯在其中流动是符合多孔连续介质流动理论的。

5.2 "S"形覆岩空间裂隙场中瓦斯运移模型数值解法

在研究深部综放开采工作面瓦斯运移规律时，采空区垮落煤岩及上覆采动裂隙体作为多孔介质，瓦斯运移符合理想气体在连续多孔介质中流动的规律。

单侧采空工作面范围包括工作面和新老采空区的卸压范围，进入工作面的风流绝大部分经过工作面到回风流中，小部分进入采空区，形成采空区漏风风流，卸压瓦斯产生升浮条件，向上覆裂隙带内积聚，老采空区内瓦斯产生机械弥散，采空区四周垮落的岩石还没有压实，孔隙度较大，风流流动速度比采空区中部大，其流动状态是由工作面的湍流向采空区深部的层流过渡的状态。工作面内及采空区内的气体流动，实际上应包括层流、紊流、过渡流等三种流动状态。

本书采用了工作面瓦斯运移控制组合统一微分方程，即：

$$\frac{\partial(\rho\varphi)}{\partial t} + \mathrm{div}(\rho \boldsymbol{u}\varphi - \Gamma_\varphi \mathrm{grad}\ \varphi) = S_\varphi \tag{5-2}$$

各变量的值如表 5-1 所列。

表 5-1　　　　工作面瓦斯运移控制微分方程的变量和参数

方程	φ	Γ_φ	S_φ
瓦斯质量守恒方程	c_g	D_ρ	S_g
湍流动能方程	k	$\alpha_k\mu_{eff}$	$G_k+G_b-\rho\varepsilon-Y_M+S_k$
耗散率扩散方程	ε	$\alpha_k\mu_{eff}$	$C_{\varepsilon1}\frac{\varepsilon}{k}(G_k+C_{3\varepsilon}G_b)-C_{2\varepsilon}\rho\frac{\varepsilon^2}{k}-R_\varepsilon+S_g$
x-动量	u	μ	$-\frac{\partial p}{\partial x}+\frac{\partial}{\partial x}(\mu\frac{\partial u}{\partial x})+\frac{\partial}{\partial y}(\mu\frac{\partial v}{\partial x})+\frac{\partial}{\partial z}(\mu\frac{\partial w}{\partial x})-F_x$
y-动量	v	μ	$-\frac{\partial p}{\partial y}+\frac{\partial}{\partial x}(\mu\frac{\partial u}{\partial y})+\frac{\partial}{\partial y}(\mu\frac{\partial v}{\partial y})+\frac{\partial}{\partial z}(\mu\frac{\partial w}{\partial y})-F_y$
z-动量	w	μ	$-\frac{\partial p}{\partial y}+\frac{\partial}{\partial x}(\mu\frac{\partial u}{\partial z})+\frac{\partial}{\partial y}(\mu\frac{\partial v}{\partial z})+\frac{\partial}{\partial z}(\mu\frac{\partial w}{\partial z})+\rho g-F_z$
瓦斯扩散方程	C	D	I_{CH4}

工作面瓦斯运移方程解法采用 Piso 算法，该算法是压力的隐式算子分割算法，最开始是针对非稳态可压流动的无迭代计算所建立的一种速度计算程序，后来在稳态问题的迭代计算中也广泛使用。

Piso 算法包含一个预测步和两个修正步，可以加快单个迭代步中的收敛速度，流程如图 5-2 所示。

预测步：

动量的离散方程可由压力场求解，可以求出相应的速度分量 $u^\wedge$、$v^\wedge$。

根据动量的离散方程：

$$a_{i,J}u_{i,J}=\sum a_{nb}u_{nb}+(p_{I-1,J}-p_{I,J})A_{i,J}+b_{i,J} \tag{5-3}$$

$$a_{I,j}v_{I,j}=\sum a_{nb}v_{nb}+(p_{I,J-1}-p_{I,J})A_{I,j}+b_{I,j} \tag{5-4}$$

由以上方程得出 $u^\wedge$、$v^\wedge$。

第一步修正：

以上得到的速度 $u^\wedge$、$v^\wedge$ 可能不满足连续方程，压力场 $p^\wedge$ 很难准确得出。这一步给出速度场($u^{\wedge\wedge}$，$v^{\wedge\wedge}$)，使其满足连续方程。

即

$$p^{\wedge\wedge}=p^\wedge+p^* \tag{5-5}$$

$$u^{\wedge\wedge}=u^\wedge+u^* \tag{5-6}$$

$$v^{\wedge\wedge}=v^\wedge+v^* \tag{5-7}$$

修正后的 $u^{\wedge\wedge}$、$v^{\wedge\wedge}$：

$$u^\wedge_{I,j}=u^\wedge_{I,j}+d_{i,j}(p^*_{i-1,j}-p^*_{I,j}) \tag{5-8}$$

$$v^{\wedge\wedge}_{I,j}=v^\wedge_{I,j}+d_{i,j}(p^*_{i-1,j}-p^*_{I,j}) \tag{5-9}$$

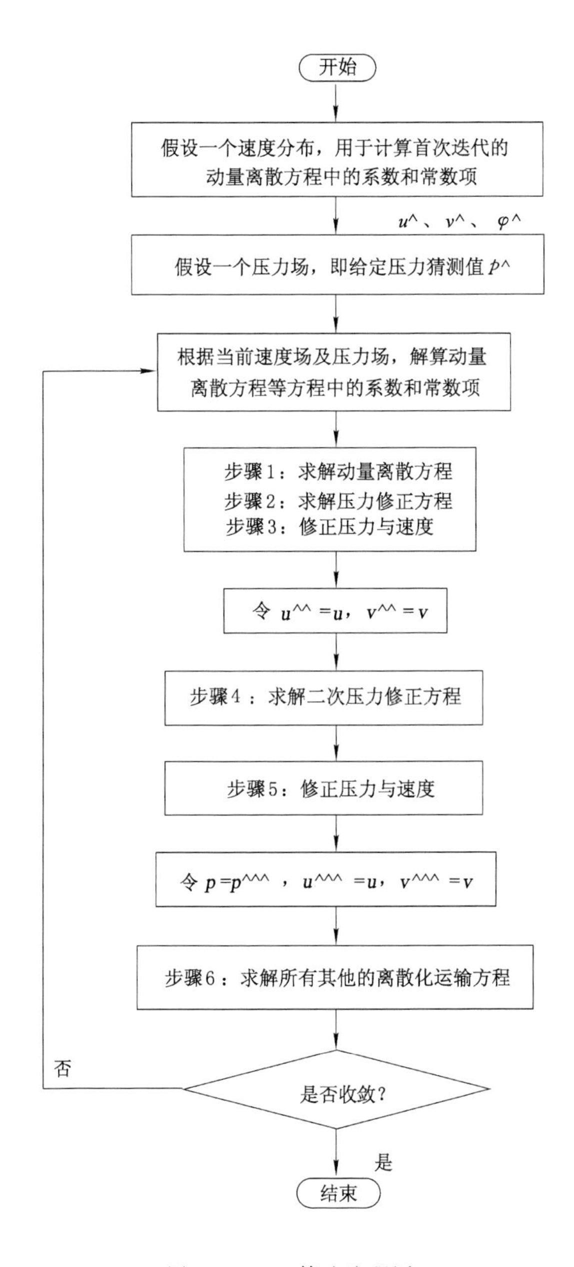

图 5-2 Piso 算法流程图

速度场受连续方程(质量守恒方程)的约束：

$$\frac{\partial(\rho u)}{\partial x}+\frac{\partial(\rho v)}{\partial y}=0 \tag{5-10}$$

连续方程的离散形式：

$$[(\rho uA)_{i+1,j}-(\rho uA)_{i,j}]+[(\rho vA)_{i,j+1}-(\rho vA)_{i,j}]=0 \tag{5-11}$$

由质量守恒方程得出 $p^{\wedge}$，得知修正值可得出速度分量 $u^{\wedge\wedge}$，$v^{\wedge\wedge}$。

第二步修正：

$u^{\wedge\wedge}$、$v^{\wedge\wedge}$ 的动量离散方程：

$$\begin{aligned} a_{i,j}u_{I,j}^{\wedge\wedge} &= \sum\nolimits_{an} au_{nb}^{\wedge}+(p_{i-1,j}^{\wedge\wedge}-p_{i,j}^{\wedge\wedge})A_{i,j}+b_{i,j} \\ a_{i,j}v_{I,j}^{\wedge\wedge} &= \sum\nolimits_{an} av_{nb}^{\wedge}+(p_{i,j-1}^{\wedge\wedge}-p_{i,j}^{\wedge\wedge})A_{i,j}+b_{i,j} \end{aligned} \tag{5-12}$$

求解速度场（$u^{\wedge\wedge\wedge}$，$v^{\wedge\wedge\wedge}$）：

$$\begin{aligned} u_{i,j}^{\wedge\wedge} &= u_{i,j}^{\wedge\wedge\wedge}+\frac{\sum a_{nb}(u_{nb}^{\wedge\wedge}-u_{nb}^{\wedge})}{a_{i,j}}+d_{i,j}(p_{i-1,j}^{\wedge\wedge}-p_{i,j}^{\wedge\wedge}) \\ v_{i,j}^{\wedge\wedge\wedge} &= v_{i,j}^{\wedge\wedge}+\frac{\sum a_{nb}(v_{nb}^{\wedge\wedge}-v_{nb}^{\wedge})}{a_{i,j}}+d_{i,j}(p_{i,j-1}^{\wedge\wedge}-p_{i,j}^{\wedge\wedge}) \end{aligned} \tag{5-13}$$

将 $u^{\wedge\wedge\wedge}$、$v^{\wedge\wedge\wedge}$ 带入连续性方程得出二次压力修正方程为：

$$a_{i,j}=p_{i,j}^{\wedge\wedge}=a_{i+1,j}p_{i-1,j}^{\wedge\wedge}+a_{i+1,j}p_{i-1,j}^{\wedge\wedge}+a_{i,j+1}p_{i,j+1}^{\wedge\wedge}+a_{i,j-1}p_{i,j-1}^{\wedge\wedge}+b_{i,j}^{\wedge\wedge} \tag{5-14}$$

求解 $p^{\wedge\wedge}$，根据 $p^{\wedge\wedge}=p^{\wedge\wedge}+p^{**}=p^{\wedge}+p^{*}+p^{**}$，可得出 $p^{\wedge\wedge\wedge}$，经过计算可得出 $u^{\wedge\wedge\wedge}$、$v^{\wedge\wedge\wedge}$。

计算机求解采用耦合解法，耦合解法就是同时求解所需要的方程，将各个变量联合解出，相当于求解多个方程组。求解过程假定初始压力和速度等变量，确定各个离散方程的系数和常数项。同时求解质量守恒方程、动量守恒方程、能量守恒方程、理想状态方程等。求解紊流方程及其他标量方程，判断当前时间步上的计算是否收敛。若不收敛，返回计算；若收敛，计算下一物理量。

网格采用交错网格，就是将标量在正常的网格节点上存储和计算，将速度的各分量分别在错位后的网格上存储和计算，错位后网格的中心位于原控制体积的界面上。网格的求解采用有限体积法，即将计算对象分成一系列的控制体积，用一个中心点来表示控制体积，通过控制方程对控制体积积分来导出离散方程。有限体积法是一种分块近似的计算方法，包括计算区域的离散和控制方程的离散，控制方程的离散化主要是将质量守恒方程、动量守恒方程、能量守恒方程等写成通用形式。

总结前人的经验与成果将“S”形覆岩空间裂隙场内瓦斯的流动分为三种方式：瓦斯的升浮、瓦斯的扩散以及新老采空区瓦斯的升浮和扩散，如图 5-3 所示。

1. 瓦斯的升浮效应

相似性假定认为，浮伞流各断面上的流速分布、浓度差分布均存在相似性。常用高斯正态分布来表示：

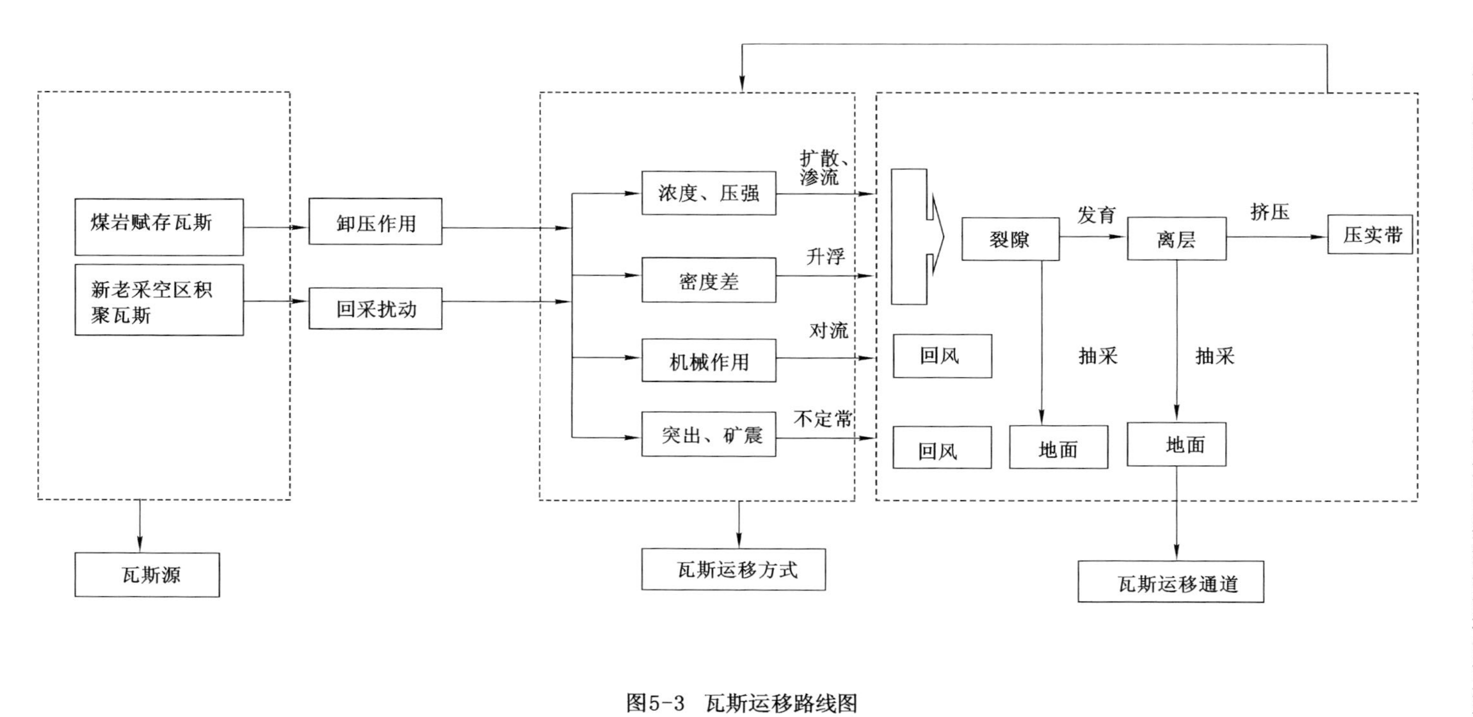
煤岩赋存瓦斯
新老采空区积聚瓦斯
瓦斯源
卸压作用
回采扰动
浓度、压强
密度差
机械作用
突出、矿震
扩散、渗流
升浮
对流
不定常
瓦斯运移方式
裂隙
发育
离层
挤压
压实带
回风
回风
抽采
抽采
地面
地面
瓦斯运移通道

图5-3　瓦斯运移路线图

$$W(z,r)=W_{\mathrm{m}}\mathrm{e}^{-\left(\frac{r}{b}\right)^2} \tag{5-15}$$

$$\Delta C(z,r)=\Delta C_{\mathrm{m}}\mathrm{e}^{-\left(\frac{r}{\lambda b}\right)^2} \tag{5-16}$$

$$\Delta\rho(z,r)=\Delta\rho_{\mathrm{m}}\mathrm{e}^{-\left(\frac{r}{\lambda b}\right)^2} \tag{5-17}$$

式中 W_{m}——断面中心的最大流速；

ΔC_{m}——浓度差；

$\Delta\rho_{\mathrm{m}}$——密度差；

b——浮伞流断面的半厚度；

λ——系数。

根据环境流体力学理论，气体升浮有两个条件：① 气体温度升高，体积增大，密度减小，从而产生密度差；② 混合气体中含有单一气体浓度相对于混合气体浓度存在差异。气体在升浮过程中，必然会伴随热量传递或物质运动，随着热量或物质与周围环境传递平衡，气体升浮随即结束，如图 5-4 和图 5-5 所示。

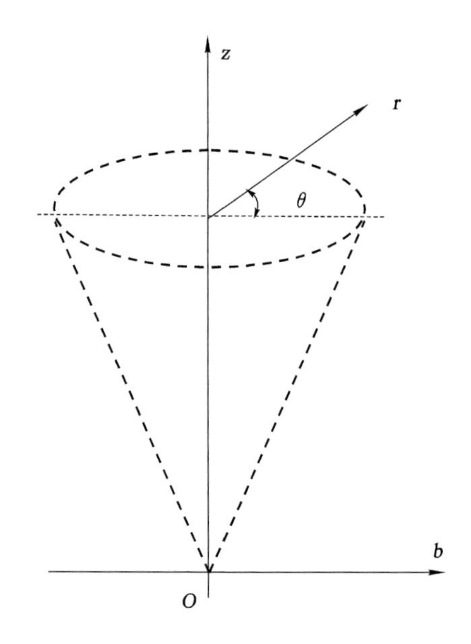

图 5-4　点源浮伞流柱坐标系

瓦斯密度比空气小，在工作面范围内，瓦斯与周围气体产生密度差而上升，从而产生上覆裂隙带内瓦斯积聚的问题。浮力作用下的瓦斯运移，会因浮力源不同而不同。若浮力源的作用是瞬态的，则瓦斯运移是非定常的，如瓦斯喷出、冲击异常涌出；若浮力源作用是持续稳定的，则瓦斯运移会形成定常状态，这时

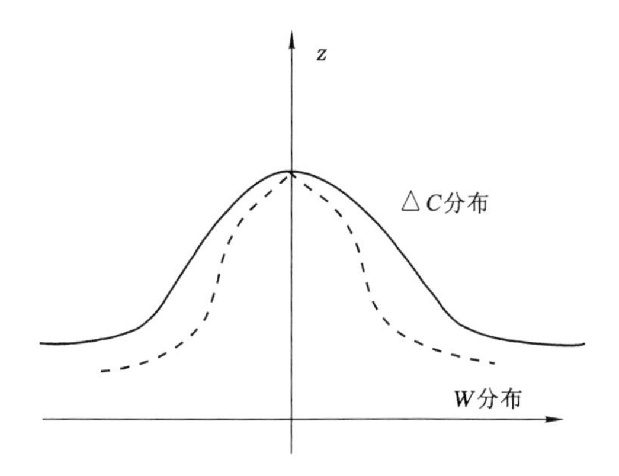

图 5-5　浮伞流截面流速及浓度差分布

瓦斯受到垂向浮力、侧边剪切力和运移加速度相应的惯性力构成局部的平衡。

根据相似、卷吸假设以及瓦斯在采动裂隙带内升浮的控制方程组(动量守恒方程、质量守恒方程、气体状态方程、连续性方程),可推导出以下公式:

$$Q(z)=\frac{6}{5}\sqrt{2\pi k_s}\left(\frac{9}{40}A\right)^{1/3}z^{5/3}=\frac{6}{5}\sqrt{2\pi m k_s z} \tag{5-18}$$

$$W_m=\frac{5}{3k_s\sqrt{2\pi}}\left(\frac{9}{40}A\right)^{1/3}z^{-1/3} \tag{5-19}$$

$$b=\frac{6}{5}k_s z \tag{5-20}$$

$$\frac{\Delta p_m}{\rho_a}=\frac{1+\lambda^2}{\pi\lambda^2}\cdot\frac{B}{W_m b^2}=\frac{1+\lambda^2}{\lambda^2}\left(\frac{6}{5}k_s\sqrt{2\pi}\right)^{-1}\left(\frac{9}{40}\right)^{-1/3}Bz^{-3/5} \tag{5-21}$$

由上述计算结果可以得出,浮伞流各参数流程上升时与源点距离 z 有下列比例关系:

Q 与 $z^{5/3}$、m 与 $z^{4/3}$、W_m 与 $z^{-1/3}$、b 与 z、$\Delta\rho$ 与 $z^{-5/3}$ 成比例关系。

其中:Q 为单位质量流体的比质量通量;z 为源点距离;m 为比动量通量;W_m 为浮伞流断面中心的最大流速;b 为浮伞流断面的半厚度;$\Delta\rho$ 为浮伞流密度差。

瓦斯与周围气体存在浓度差,在裂隙-孔隙中上浮,与周围气体产生卷吸效应,密度差逐渐减小,上升到某个高度以后,瓦斯流密度与周围环境气体密度相同,或者遇到阻力的时候,升浮效应就会结束,瓦斯积聚在上覆岩层裂隙空间内,在工作面扰动或者漏风流作用下,随时可以扩散到工作面范围内,给生产工作带来安全隐患。

2. 瓦斯的扩散效应

流体在多孔介质中流动的对流扩散遵循菲克扩散定律。上覆岩层的高位破裂最易导致瓦斯异常涌出，当瓦斯上浮积聚到一定区域，由于岩层的运动挤压，瓦斯就会在采空区漏风流的作用下涌向工作面。可以利用瓦斯抽采的方法防止瓦斯在高位积聚。实践证明，高位岩层运动与瓦斯涌出具有相关性，研究高位岩层运动情况，采取破断高位岩体或者加强通风与瓦斯抽采等手段，可以防止瓦斯异常涌出。

3. 新老采空区瓦斯的升浮与扩散效应

由于上覆岩层垮落，从直接顶垮落开始，瓦斯通常呈现"间歇性"涌出的规律，排除其他影响因素(割煤、落煤、回柱等)，这与上覆岩层的运动有着密切的关系，尤其是高位岩层的破断与垮落。N 组岩梁结构的运动，上覆岩层整体从扰动失稳、破裂、发展、裂隙闭合、垮落到压实的过程，不同区域的发展状态不同。瓦斯流也经历升浮、挤压、扩散、下沉、涡流等过程，这些过程具有和上覆岩层的运动规律一一对应的特点。上覆岩层的运动，导致区段煤柱区的破裂，老采空区的瓦斯通过破碎区段煤柱流向新采空区，如图 5-6 所示。

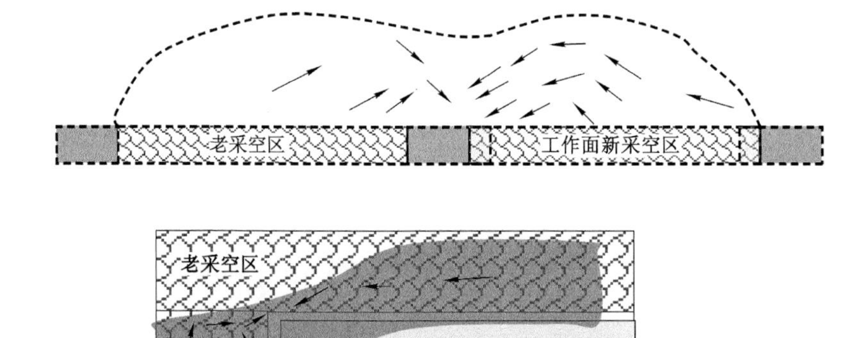

图 5-6　新老采空区瓦斯流动示意图

5.3　卸压瓦斯运移 CFD 模型建立

Fluent 是国际上比较流行的商用计算流体动力学(CFD)软件包，在国际市场上占有率很高，近些年来在我国应用也比较普遍，只要涉及流体、热传递及化学反应等工程问题，都可以用 Fluent 进行解算。它具有丰富的物理模型、先进的数值方法以及强大的前后处理功能。

Fluent 软件设计基于 CFD 软件群的思想，从用户需求角度出发针对各种复杂流体和物理现象，采用不同的方法离散，能够在特定的领域内使计算速度、稳定性和精度等方面达到最佳组合，可以高效率地解决各个领域的复杂流体计算问题。

Fluent 软件包由以下几个部分组成。

（1）前处理器：Gambit 用于生成网格，它是具有很强的建构模型的专用 CFD 前处理器。Fluent 系列产品皆采用 Fluent 公司自行研发的 Gambit 前处理软件来建立几何形状及生成网格。

（2）求解器：它是流体计算的核心，根据专业领域的不同而具有差异性。

（3）后处理器：Fluent 求解器本身就附带有比较强大的后处理功能。另外，Tecplot 也是一款专用的后处理器，可以把一些数据可视化，这对于数据处理要求比较高的用户来说是一个理想的选择。

图 5-7 和图 5-8 是根据五龙矿 3322 工作面实际开采条件建立的“S”形覆岩空间裂隙场瓦斯流动模型及其三视图，图中沿水平和垂直方向将采空区和裂隙带分别分为 3 个部分。

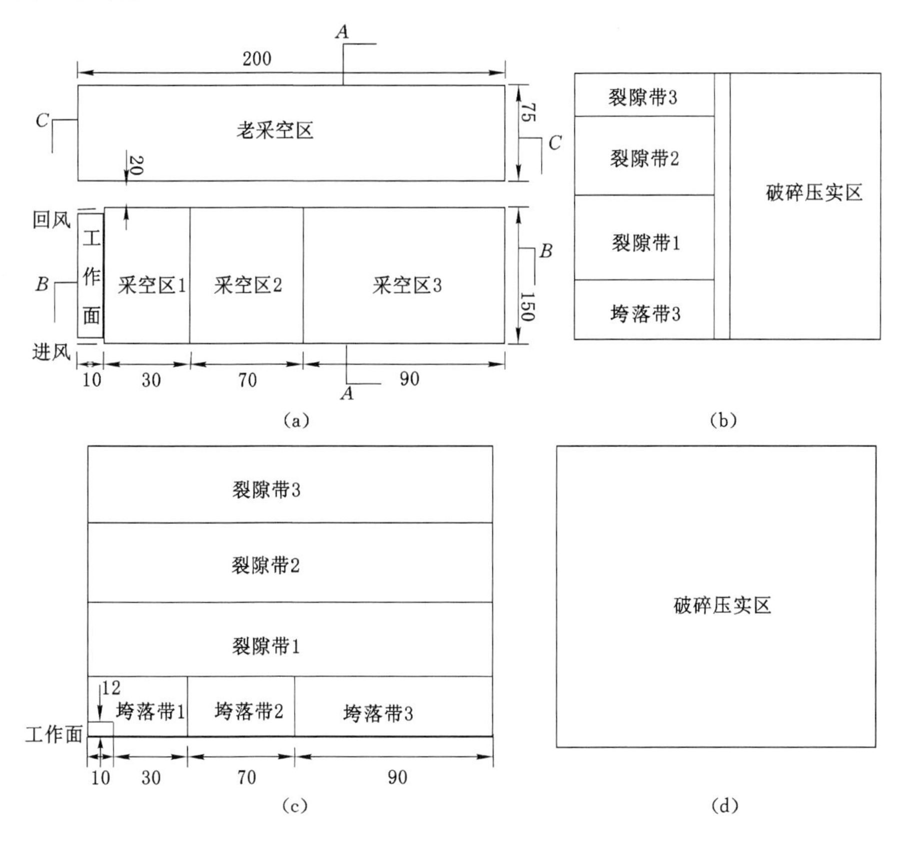

图 5-7　“S”形覆岩空间裂隙场瓦斯流动模型

(a) 平面图；(b) A—A 剖面图；(c) B—B 剖面图；(d) C—C 剖面图

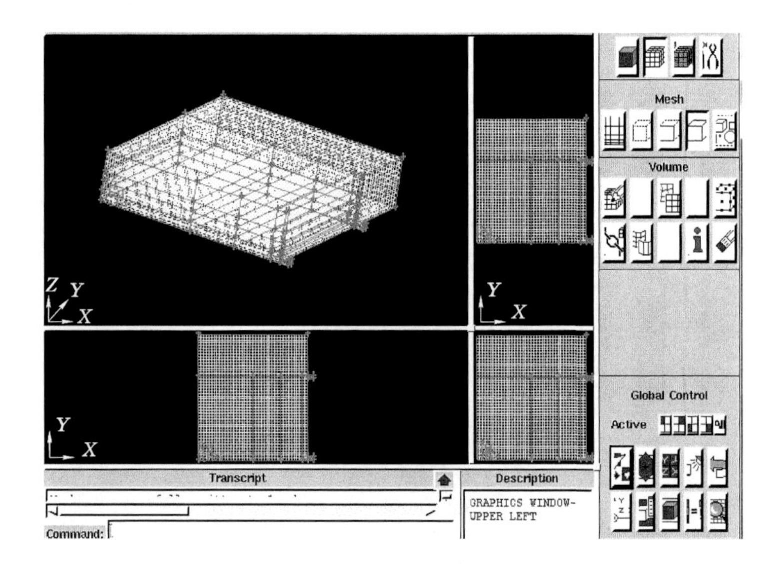

图 5-8　Gambit 建模三视图

根据上述参数应用 Gambit 软件建立计算模型，并设置好边界条件，这些边界条件可以在 Fluent 当中修改，但必须提前进行设置，否则不显示。模型建成之后导出 Mesh 文件，在 Fluent 当中打开，根据表 5-2 和表 5-3 设置好模型的参数，进行 Iterate 就算，接下来进行云图的查看和计算结果分析，也可以采用后处理软件处理之后分析。

表 5-2　　求解模型设置

Model(计算模型)	Define(模型设定)
Solver(求解器)	Segregated(非耦合求解法)
Viscous Model(湍流模型)	k-epsilon(k-ε Reliable 模型)
Species Model(组分模型)	Methane-air(瓦斯-空气)
Energy(能量方程)	On(打开)

表 5-3　边界条件

Boundary Conditions(边界条件)		Define(参数设定)
Inlet Boundary Type(入口边界类型)		Velocity-inlet(速度入口)
Outlet Boundary Type(出口边界类型)		Pressure-outlet(压力出口)
Outlet Gauge Pressure(回风巷出口压力)		9×10^4/Pa
Fluid1-1(垮落带 1)	porosity(孔隙率)	0.35
	source term(源项)	2.17×10^{-6} kg/(m^3·s)
	viscous resistance(黏性阻力系数)	1.1×10^3 L/m^2
Fluid1-2(垮落带 2)	porosity(孔隙率)	0.28
	source term(源项)	2.17×10^{-6} kg/(m^3·s)
	viscous resistance(黏性阻力系数)	2.57×10^3 L/m^2
Fluid1-3(垮落带 3)	porosity(孔隙率)	0.21
	source term(源项)	2.17×10^{-6} kg/(m^3·s)
	viscous resistance(黏性阻力系数)	8.17×10^3 L/m^2
Fluid2(破碎压实带)	porosity(孔隙率)	0.003
	source term(源项)	1.08×10^{-6} kg/(m^3·s)
	viscous resistance(黏性阻力系数)	1.3×10^5 L/m^2
Fluid3-1(裂隙带 1)	porosity(孔隙率)	0.16
	source term(源项)	1.32×10^{-6} kg/(m^3·s)
	viscous resistance(黏性阻力系数)	3.3×10^4 L/m^2
Fluid3-2(裂隙带 2)	porosity(孔隙率)	0.11
	source term(源项)	1.32×10^{-6} kg/(m^3·s)
	viscous resistance(黏性阻力系数)	4.13×10^4 L/m^2
Fluid3-3(裂隙带 3)	porosity(孔隙率)	0.08
	source term(源项)	1.32×10^{-6} kg/(m^3·s)
	viscous resistance(黏性阻力系数)	4.38×10^4 L/m^2

边界条件：

(1) 进口边界。进口边界给定速度 u_i、瓦斯浓度 c、瓦斯质量流量 J 等在各边界涌入的值。u_i和 c 按实测或设定值直接给出；在有瓦斯流入的边界上，瓦斯流入强度的大小由该界面的法向速度给出，并相应给出该边界上的瓦斯浓度值。

(2) 出口边界。按照计算流体力学和数值传热学的方法，考虑在出口边界上网格节点的参数值对于网格内邻近节点上的参数值无影响，即采用局部单通道坐标假定，只给定流场压力 p 的标定值。

进、出口位置设在无局部涡流处，流线方向与出口界面相垂直，流场压力外，各变量在进出口界面沿流动方向的梯度为 0。

单侧采空工作面数值模拟方案：

(1) "U"形通风，风量 2 300 m^3/min，设置走向高抽巷，高抽巷设置在距顶板 40 m、距回风巷 50 m 的位置。

(2) "U"形通风，风量 2 300 m^3/min，设置走向高抽巷、地面钻孔、老采空区埋管等，看是否需要增加其他抽采措施。地面钻孔终孔位置设置在距顶板 10 m 的位置，采空区埋管设置在靠近回风隅角一侧，如果瓦斯超限还需要增加其他抽采措施。

根据以上条件在 Gambit 软件里进行网格划分和边界条件的设置，得出模型图如图 5-9 和图 5-10 所示，导出模型 Mesh 文件，在 Fluent 软件中进行边界条件、模型方程的设置。

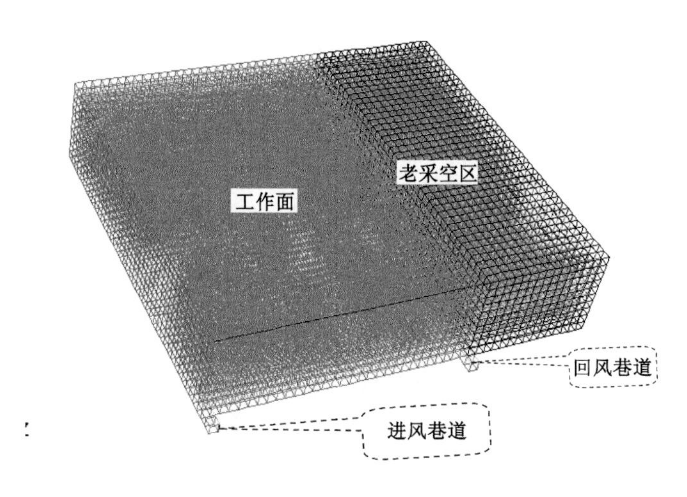

图 5-9 "S"形覆岩空间裂隙场瓦斯流动模型网格

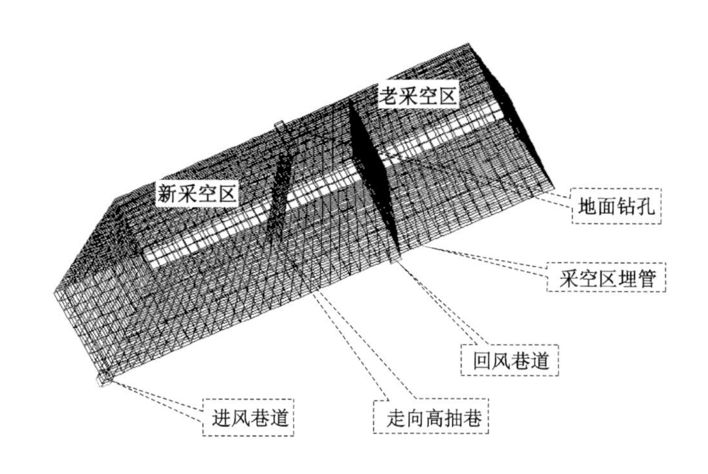

图 5-10 “U”形通风＋走向高抽巷＋地面钻孔＋采空区埋管模型网格

5.4 模型主要参数设定

Fluent 软件模拟瓦斯在多孔介质中的流动对确定质量源项非常重要。

质量源项主要用瓦斯涌出量来确定，瓦斯涌出量的确定目前有多种方法，包括地质统计法、实测法、分源预测法、数量化方法等，本书采用《矿井瓦斯涌出量预测方法》(AQ 1018—2006)及五龙矿瓦斯基础参数，利用 Mathcad 软件对 3322 综放面进行瓦斯涌出量预测，如图 5-11 所示，然后根据工作面的具体条件，计算工作面、新采空区、老采空区等地点的质量源项。

计算结果：综放落煤瓦斯涌出量为 23.2 m^3/min，煤壁瓦斯涌出量为 4.12 m^3/min，采空区留煤瓦斯涌出量为 5.13 m^3/min，围岩瓦斯涌出量为 7.6 m^3/min，邻近层瓦斯涌出量为 17.14 m^3/min，相邻采空区积聚瓦斯涌出量为 8.21 m^3/min，3322 综放工作面瓦斯涌出量为 65.4 m^3/min。

质量源项的确定：

$$Q=\frac{Q_e\rho_e}{V_e} \tag{5-22}$$

式中 Q——瓦斯质量源项，$kg/(m^3 \cdot s)$；

Q_e——绝对瓦斯涌出量，m^3/s；

ρ_e——瓦斯密度，0.717 kg/m^3；

V_e——瓦斯质量源项所占总体积，m^3。

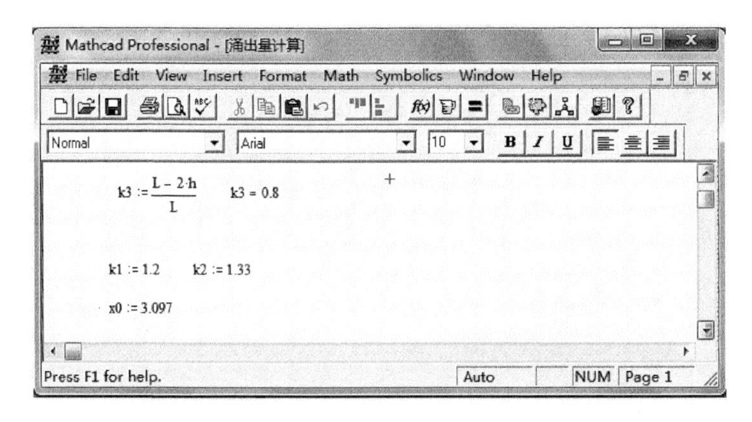

图 5-11 应用 Mathcad 软件编制的瓦斯涌出量预测程序

经计算工作面质量源项为 0.5×10^{-6} kg/(m^3 · s)，新采空区质量源项为 2.17×10^{-6} kg/(m^3 · s)，老采空区质量源项为 1.08×10^{-6} kg/(m^3 · s)，其余参数见表 5-3。

5.5 瓦斯抽采 CFD 数值模拟

瓦斯抽采旨在保障矿井安全生产，同时也是解决瓦斯超限的有效手段。加强通风也是处理瓦斯的基本方法，而当瓦斯涌出量 q_y 大于通风所能解决的瓦斯涌出量 q_p 时就应当采取瓦斯抽采措施，其瓦斯抽采的必要性指标通常以下式表示：

$$q_y > q_p = \frac{qc}{k} \tag{5-23}$$

式中 q——工作面供风量，m^3/min；

c——《煤矿安全规程》允许风流中的瓦斯浓度，%；

k——瓦斯涌出不均衡系数，1.2～1.5，采煤工作面取 1.3。

采煤工作面设计配风量为 2 300 m^3/min，回风巷道按风流中瓦斯浓度为 1%计算，则采煤工作面通风能解决的瓦斯量为：

$$q_p = 2\ 300\times1\%/1.3 = 17.7(m^3/min)$$

而工作面绝对瓦斯涌出量是 65.4 m^3/min，因此，只采用“U”形通风的方法无法保障回采安全。

5.5.1 “U”形通风＋走向高抽巷 CFD 模拟

根据第 4 章数值模拟、第 5 章相似模拟的结果以及前面 CFD 软件参数的设置，对3322工作面走向高抽巷和“U”形通风组合进行了CFD数值计算，模型中高抽巷设置在距顶板40 m、距回风巷50 m的位置。

图5-12是“U”形通风+走向高抽巷条件下瓦斯流动三维分布图。由图可知采空区深部和高抽巷瓦斯抽采浓度较高，达到了80%以上。瓦斯浓度沿倾向方向，从工作面进风巷到回风巷浓度逐渐增大，靠近回风巷一侧受采空区漏风影响浓度增加较快，瓦斯流动多处呈现紊流状态，但未改变整体的变化趋势，在采空区回风隅角处积聚着高浓度瓦斯，这个地方是风流的汇集之处，带来大量的高浓度瓦斯形成涡流。在走向上，瓦斯浓度向纵深方向增加，之后趋于平缓。在采空区深部，由于远离工作面受风流影响较小，瓦斯浓度较大。在垂直方向上，由于瓦斯的升浮与扩散作用，在高处积聚了大量高浓度瓦斯。

图5-12中得出“U”形通风+走向高抽巷组合方式抽采之后回风隅角瓦斯浓度仍高达20%以上，远远超过了《煤矿安全规程》中对瓦斯浓度的规定，同时也达到了爆炸极限，因此要采取其他瓦斯抽采方法进行治理，根据3322工作面的地质特征和五龙矿以往的瓦斯治理经验，采取走向高抽巷、地面钻孔、采空区埋管的综合抽采治理措施。

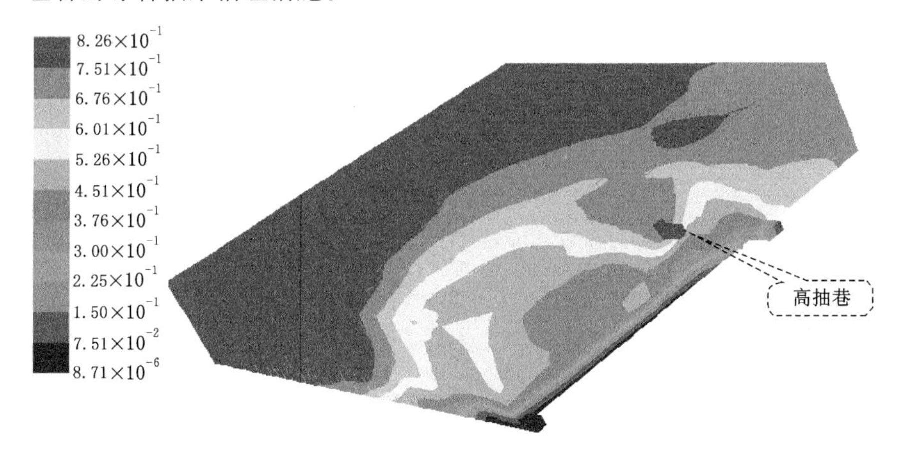

图5-12 “U”形通风+走向高抽巷条件下瓦斯流动三维分布图

5.5.2 “U”形通风+走向高抽巷+地面钻孔+采空区埋管CFD模拟

由于“U”形通风+走向高抽巷的抽采组合无法达到抽采目的，故增加了地面钻孔与采空区埋管抽采措施进行数值计算，地面钻孔终孔位置设置在距顶板10 m的位置，地面钻孔的间距为200 m，采空区埋管设置在靠近回风隅角一侧。

图 5-13 是"U"形通风＋走向高抽巷＋地面钻孔＋采空区埋管条件下瓦斯流动三维分布图。由图可知，高抽巷瓦斯抽采浓度在 31%～74%之间，地面钻孔瓦斯抽采浓度达到了 80%以上，采空区埋管瓦斯抽采浓度在 51%～64%之间。图 5-14 是"U"形通风＋走向高抽巷＋地面钻孔＋采空区埋管条件下沿回风巷方向瓦斯浓度分布图。从图中可以得出采空区深度在 60 m 范围内瓦斯浓度增幅较大，超过 60 m 增幅趋缓，回风隅角瓦斯浓度在 1%以下，能够达到《煤矿安全规程》中对回采的瓦斯浓度要求。

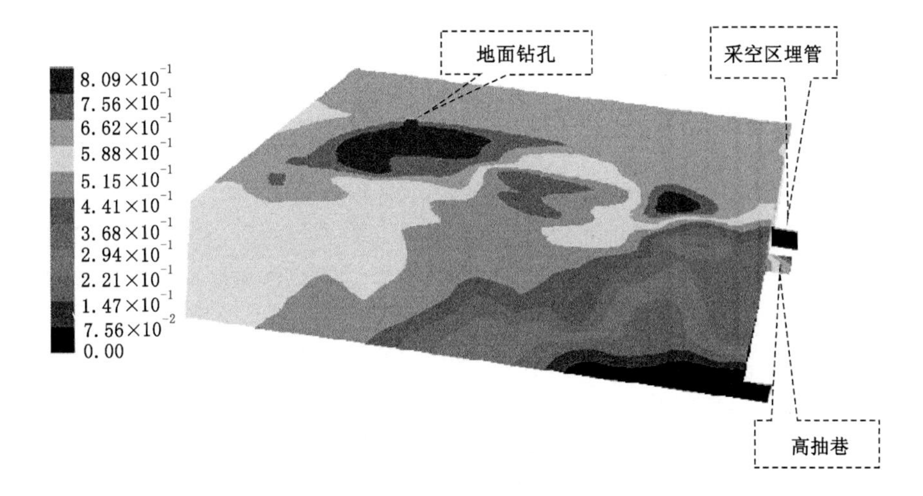

图 5-13 "U"形通风＋走向高抽巷＋地面钻孔＋采空区埋管条件下瓦斯流动三维分布图

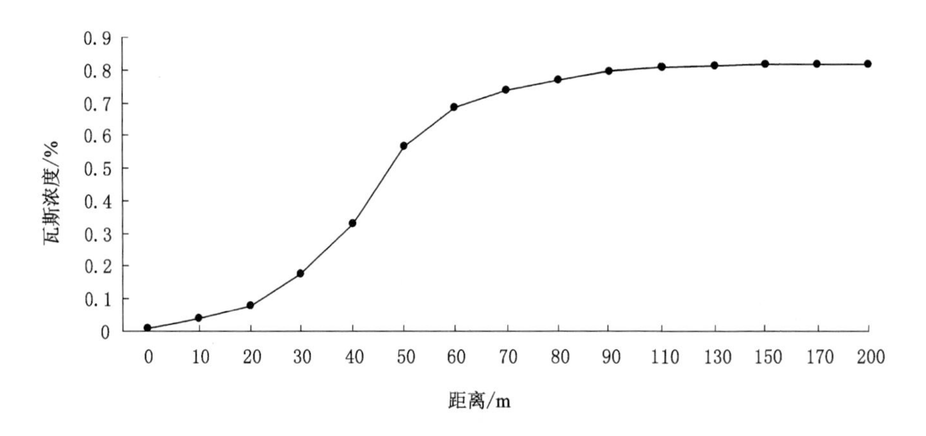

图 5-14 "U"形通风＋走向高抽巷＋地面钻孔＋采空区埋管条件下回风巷方向瓦斯浓度分布图

5.6 采空区束管浓度监测验证

通过在3322采空区靠近回风巷一侧预埋束管，监测采空区气体浓度，所得结果与瓦斯流动场的数值模拟结果作对比分析，用来验证数值计算的合理性，监测结果见表5-4。

表5-4 3322采空区束管监测结果表

序号	2号埋管(蓝色)								
	CH_4/%	O_2/%	CO/%	CO_2/%	C_2H_6/%	C_2H_4/%	C_2H_2/%	N_2/%	距离/m
1	26.76	9.09	0.00	2.16	113.39	0.00	0.00	61.97	27.0
2	30.58	3.23	0.00	1.52	288.00	0.00	0.00	64.63	31.0
3	18.72	15.48	0.00	1.03	130.70	0.00	0.00	64.76	32.8
4	33.22	2.89	0.00	2.50	403.00	0.00	0.00	61.34	32.8
5	35.97	4.40	0.00	1.69	202.87	0.00	0.00	57.91	34.6
6	30.01	12.20	0.00	0.92	38.13	0.00	0.00	56.87	38.2
7	22.74	10.78	0.00	1.21	130.68	0.00	0.00	65.25	40.0
8	28.60	10.02	0.00	1.12	173.57	0.00	0.00	60.23	41.8
9	26.18	10.84	0.00	1.14	147.19	0.00	0.00	61.82	43.6
10	27.36	11.45	0.00	1.58	468.51	0.00	0.00	59.55	45.4
11	28.52	17.59	0.00	0.72	50.37	0.00	0.00	53.61	47.3
12	51.33	3.17	0.00	1.29	326.57	0.00	0.00	44.17	49.1
13	52.99	2.39	0.00	0.35	286.57	0.00	0.00	43.24	50.9
14	54.92	3.20	0.00	1.49	287.86	0.00	0.00	40.36	55.4
15	59.01	2.52	0.00	1.52	310.84	0.00	0.00	36.92	57.8
16	68.31	3.12	0.00	1.36	284.51	0.00	0.00	27.18	60.2
17	76.90	3.62	0.00	1.53	267.69	0.00	0.00	17.92	62.0

采空区埋管主要在回风巷道埋设8芯束管，随着工作面的推进束管被埋入采空区，在采空区内每隔4 m设置一个进气口，利用木垛将进气口保护起来。束管的出气口设置在离工作面大约150 m以外的位置，使其能够检测到采空区

深部位置。在出口处利用真空泵将采空区内的气体抽出装入便携气囊当中，带到地面通风实验室利用色谱仪分析气体成分，确定采空区内各种气体浓度，以便分析主要气体的分布规律。

图 5-15 是沿回风巷方向采空区束管监测瓦斯浓度曲线图。从图中可以得出采空区瓦斯浓度总体分布规律是越往深部瓦斯浓度越高，到达 120 m 以后趋于稳定；距工作面 60 m 范围内瓦斯浓度在 18.72%～76.9%之间，与数值模拟结果基本一致。

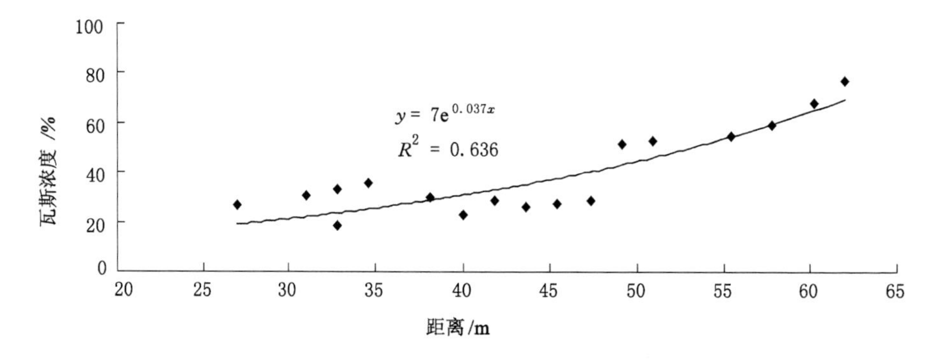

图 5-15　采空区束管监测瓦斯浓度曲线图

6　深部煤层开采“S”形覆岩空间裂隙场内瓦斯涌出及抽采工程实践

深部煤层瓦斯含量大，需要通过瓦斯抽采的手段来解决，尤其在煤层群开采中，瓦斯源较多，抽采的方案优化尤为重要。《煤矿瓦斯抽采规范》（AQ 1027—2006）中提到，一般煤矿需建立瓦斯抽采系统的矿井必须实施先抽后采或边采边抽，按矿井瓦斯来源实施煤层瓦斯抽采。多瓦斯来源的矿井，应采用综合瓦斯抽采方法。深部“S”形覆岩空间裂隙场的瓦斯抽采本身具有特殊性，需要采取特殊的优化手段。前面几章对瓦斯裂隙场的特征及瓦斯流动场的轨迹特点进行了分析，在工作面回采的实践中，需要去检验和证实。本章从瓦斯涌出规律和瓦斯抽采两方面去验证前面研究结果的合理性。

6.1　五龙矿“S”形覆岩空间裂隙场内瓦斯涌出规律及抽采工程实践

五龙煤矿位于阜新煤田中部，距阜新市中心 10 km。矿内铁路线与国铁新义线相连接，距阜新火车站 3.5 km。该矿 3322 综放工作面，开采的是太平上层，其煤层结构复杂，层理、节理较发育，煤层厚度平均为 12 m，煤层中含夹石较多，夹石层数为 6～10 层，厚度忽厚忽薄，变化在 0.05～1.8 m 之间，岩性随岩石厚度变化而变化，薄时为泥岩，厚时为粉砂岩及细砂岩，煤层中常伴有小构造及劣质煤。煤层厚度分布为西薄东厚、北薄南厚，夹石分布为西厚东薄、北厚南薄。工作面采用走向长壁后退式综采放顶煤采煤方法。

6.1.1　“S”形覆岩空间裂隙场内卸压瓦斯涌出规律

由于实测瓦斯来源存在技术上的难度，因此在应用过程中一般采取预测的方法，用监测（采空区束管监测、SF_6示踪气体监测、高位瓦斯浓度测定）的方法来验证，预测方法主要采用《矿井瓦斯涌出量预测方法》（AQ 1018—2006），此方法主要是以瓦斯含量为基础，加以经验系数来进行计算，虽然不能精准预测，但可以满足工程需要。五龙矿 3322 采煤工作面某一时间段的瓦斯涌出量见表 6-1。

表 6-1　五龙矿 3322 采煤工作面瓦斯涌出统计表

序号	瓦斯浓度 /%	风量 /(m^3/min)	抽采量 /(m^3/min)	日产量 /t	绝对瓦斯涌出量/(m^3/min)	相对瓦斯涌出量/(m^3/t)
1	0.72	1 520	38.6	5 800	49.554	12.30
2	0.52	1 639	48.4	6 100	56.923	13.44
3	0.71	1 830	47.3	5 600	60.293	15.50
4	0.71	1 850	51.4	5 680	64.535	16.36
5	0.79	2 380	41.8	5 460	60.632	15.99
6	0.85	2 380	28.9	5 740	49.130	12.33
7	0.62	2 314	44.3	5 890	58.647	14.34
8	0.78	2 240	42.6	5 970	60.072	14.49
9	0.82	1 893	44.1	3 700	59.623	23.20
10	0.81	1 866	38.9	5 660	54.015	13.74
11	0.80	1 912	33.8	4 790	49.096	14.76

1. 工作面推进距离与瓦斯涌出量的关系

工作面推进距离与瓦斯涌出量具有一定的相关性，工作面推进到初次垮落、初次来压、周期来压、一次见方、二次见方等阶段，瓦斯涌出量都有增大的趋势，见图 6-1～图 6-3，从切眼开始工作面瓦斯涌出总量一直呈增大趋势，在回采到 40～50 m 之间(初次来压阶段)达到了阶段最大值，之后瓦斯涌出总量呈一定的周期性变化，在工作面推进到 150 m 左右，瓦斯涌出总量接近最大值。从五龙矿瓦斯涌出规律可以得到，工作面在见方阶段瓦斯涌出量最大，根据前面数值模拟及相似模拟分析，采空区见方阶段顶板裂隙范围接近最大值，瓦斯从大范围裂隙通道流向工作面。

由于上覆岩层的运动以及工作面自身条件的影响，形成了瓦斯涌出-抽采机制圈，在机制圈范围瓦斯抽采量和风排瓦斯量同时增加，瓦斯抽采量的增加幅度较大。在这一时间和区域范围内，根据具体情况增加风量和增大瓦斯抽采力度，做到预防与治理并举，减少瓦斯异常涌出的概率和瓦斯超限的次数。

2. 工作面走向与倾向瓦斯分布规律

工作面瓦斯涌出包括煤壁、落煤、采空区瓦斯涌出等，针对五龙矿综放工作

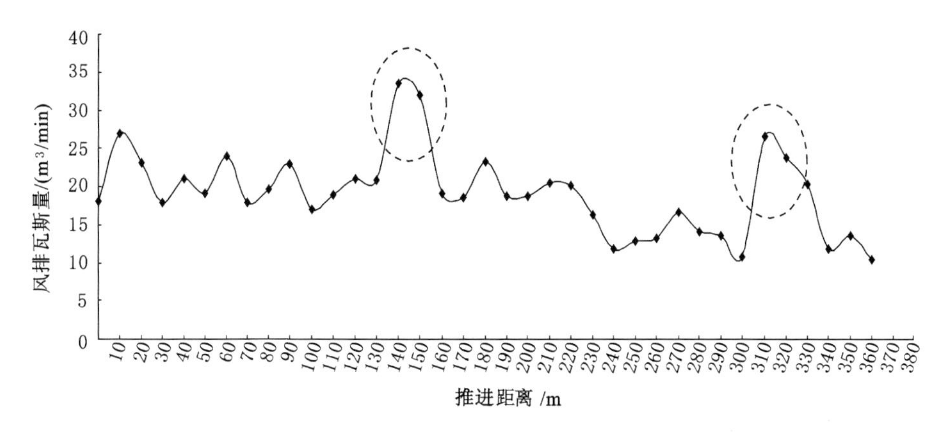

图 6-1 3322 工作面推进距离与风排瓦斯量的关系

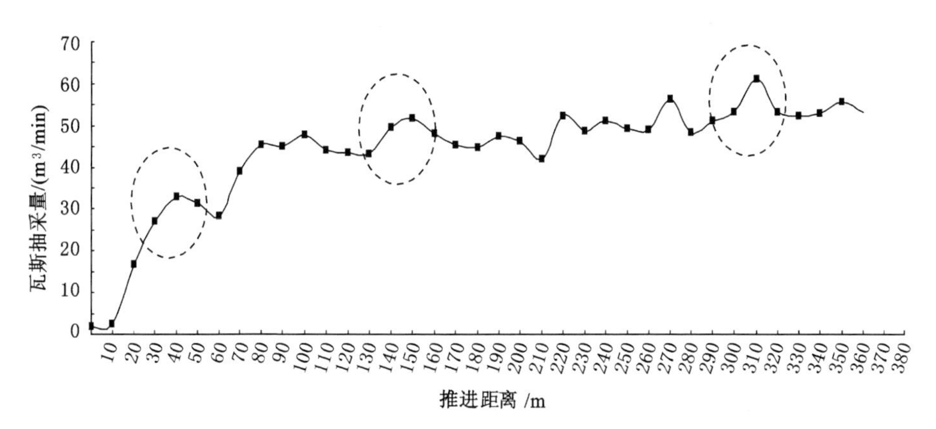

图 6-2 工作面推进距离与瓦斯抽采量关系

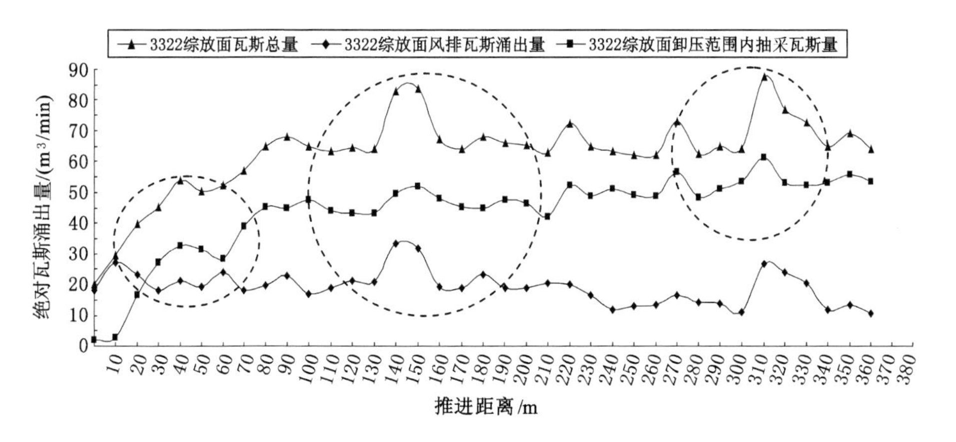

图 6-3 工作面推进距离与绝对瓦斯涌出量关系

面日产量大、推进快的特点，为了使测定结果能反映工作面风流中瓦斯涌出的实际情况，采用实测的方法来分析瓦斯分布特征。在工作面走向每隔 25 m 设一个观测点，共 7 个测点，从煤壁至采空区布置 6 个测点，共布置了 42 个测点，各测点布置如图 6-4 所示。考查各测点在不同工序下的瓦斯浓度变化，连续测定 3 个原班，测定分别选在割完一刀煤时和检修班进行，此时工作面不受割煤影响，相对稳定。

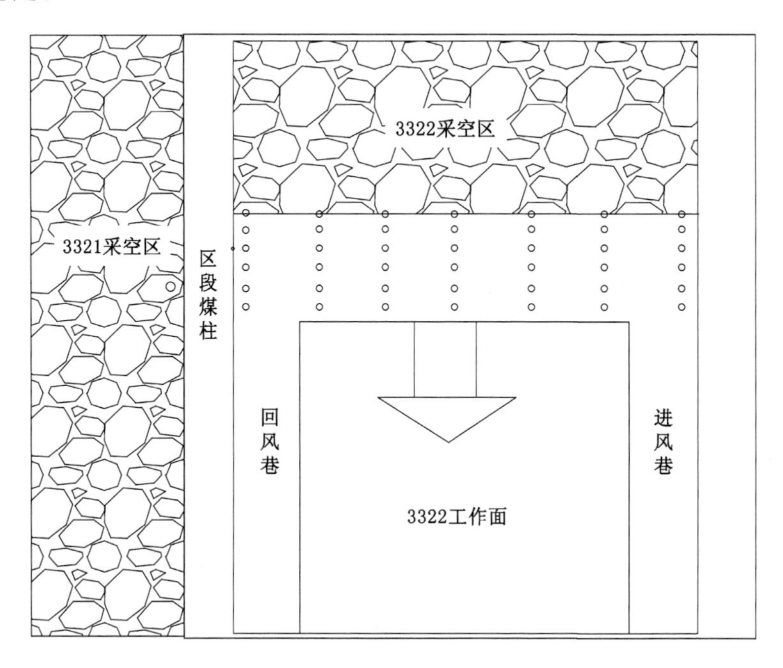

图 6-4 3322 工作面测点布置示意图

图 6-5 是瓦斯沿倾向分布图。由图可知，瓦斯浓度沿工作面方向，从进风巷到回风巷有增大的趋势，进风巷一定范围内瓦斯浓度基本恒定，工作面中部到回风巷瓦斯浓度增加较快，靠近回风巷侧 50 m 范围内瓦斯浓度较高。

图 6-6 是从检修班测得的沿倾斜方向瓦斯浓度分布图。从图中可以得出，从煤壁至采空区边缘（支架尾）瓦斯浓度呈由高到低、再由低向高的分布趋势，即在煤壁和采空区之间有一个瓦斯浓度最低点，最低点的位置在采煤工作面的不同位置有所不同，在“U”形通风情况下这种高、低、高的分布趋势比较明显。

从观测数据可以得出“U”形通风条件下，综放开采工作面、采空区瓦斯涌出量约占采煤工作面瓦斯涌出总量的 35%～55%。

瓦斯浓度分布都是在采煤工作面相对稳定条件下测定的，当采煤机割煤、放

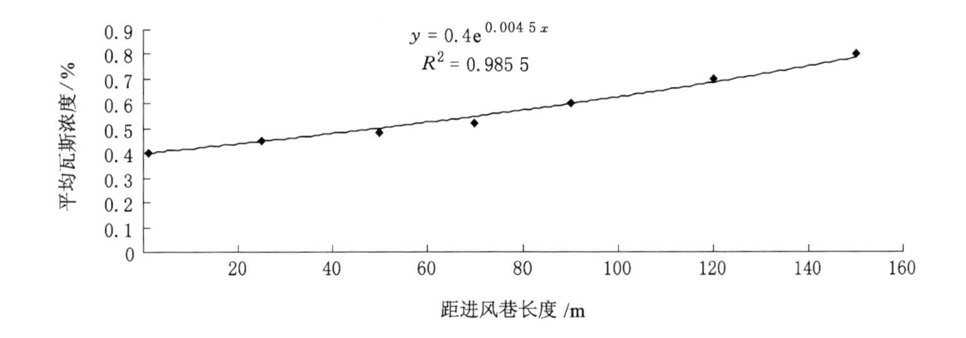

图 6-5 工作面瓦斯沿倾向分布规律

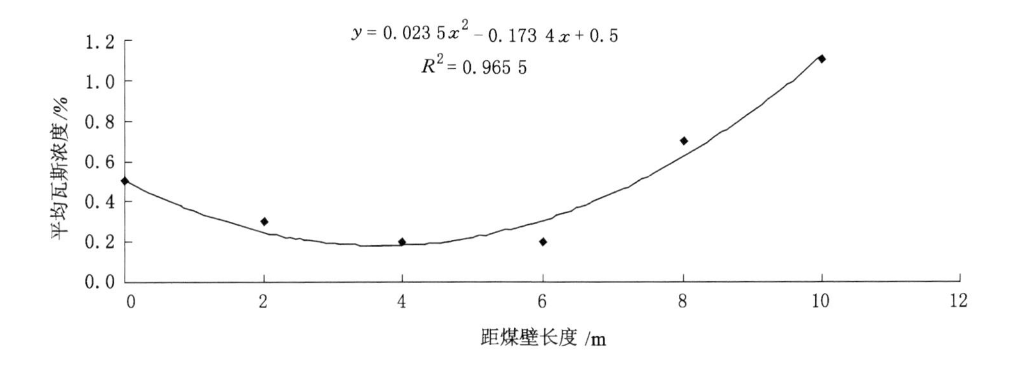

图 6-6 工作面沿倾斜方向瓦斯浓度分布

顶、推移刮板输送机、移架时，瓦斯涌出不均衡，当采煤机由进风侧向工作面中部割煤过程中，瓦斯涌出只出现在煤壁和落煤中；当采煤机在工作面中部继续向回风巷侧割煤时，之前漏入采空区的风流携带瓦斯又返回采煤工作面，使采煤工作面瓦斯涌出量逐渐增加。理论分析和实践证明，在矿井通风负压作用下，采空区内的瓦斯大部分聚积在靠近回风巷 60 m 范围内，此范围内的支架后面赋存着较高浓度瓦斯，采煤机在此段采煤、推移刮板输送机、移架，使采煤工作面断面减小，一部分风流再次通过支架间漏入采空区，由于漏风线路短，风流在很短时间内返回采煤工作面，同时将支架后面的较高浓度瓦斯带出，使采煤工作面瓦斯浓度急剧增加，造成瓦斯异常涌出。观测结果表明，高产高效工作面瓦斯超限大多出现在此生产段。

由实测结果得出采空区的瓦斯浓度随采空区深度的增加而增高，即离采煤工作面越远瓦斯浓度越高，采空区内顶板瓦斯浓度高于底板瓦斯浓度，采煤工作面采用上行通风时，采空区上部(回风巷侧)瓦斯浓度比下部高。采煤工作面后方一定距离内，从进风巷侧到回风巷侧采空区内瓦斯浓度逐渐升高。

一般采空区大约20%区域为层流，20%区域为紊流，60%区域为过渡流，在采空区深部的压实区为层流，在中部及靠近工作面一侧受漏风的影响为过渡流和紊流。距工作面较远处，采空区瓦斯受内外压差和浓度差的作用，一部分瓦斯向回风转移，流入回风巷，还有一部分瓦斯，特别是采空区深部的瓦斯，不足以克服摩擦阻力，难以向回风方向运移，造成采空区瓦斯分布差异化。

采空区瓦斯来源主要是由丢煤和煤壁、邻近层瓦斯源构成，采空区瓦斯涌出与落煤、煤壁瓦斯涌出一样，遵循随时间而逐渐减弱的规律。在工作面回采初期，从开切眼向前推进，采空区体积逐渐扩大，采空区瓦斯浓度逐渐增大，在基本顶首次垮落之前，采空区瓦斯涌出较小，当基本顶垮落后，采空区瓦斯涌出量增大，以后发生周期性基本顶垮落，采空区瓦斯涌出量逐渐增大，但增加到一定值时，在开采条件基本不变的条件下，采空区瓦斯涌出量将趋于稳定。

在推进速度等不变的条件下，长壁工作面瓦斯涌出有效深度一般为120 m左右，采空区向采煤工作面涌出瓦斯主要集中在90 m范围内。

3. 生产工序与瓦斯涌出量的关系

生产工序对工作面的瓦斯涌出量影响较大，从现场经验得出采煤工作面瓦斯涌出量与回采系统工作状态和位置有密切关系。生产班各工序(割煤、推移刮板输送机、移架、放顶、检修等)之间虽有滞后时间，但要想严格区分各种工序对瓦斯涌出量的影响，是较难做到的，只能从宏观上对生产班和检修班的瓦斯涌出情况进行对比，如图6-7所示。

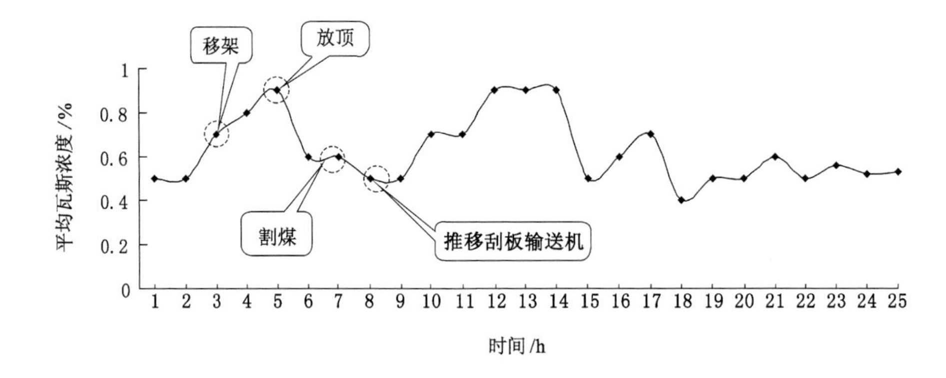

图6-7　不同工序瓦斯涌出浓度对比

4. 配风量与采煤工作面瓦斯涌出量之间的关系

随着工作面的推进，煤层瓦斯涌出量呈现周期性的变化，为使采煤工作面瓦斯不超限，通常采用加大风量的措施来降低瓦斯浓度。

配风量对采煤工作面瓦斯涌出量有一定影响，主要是对采空区瓦斯涌出影响较大。风量过小，回风隅角瓦斯浓度经常超限，但配风量过大，造成采空区瓦斯涌出量增大，同样易造成回风流和回风隅角瓦斯超限，同时也易造成采空区一氧化碳超限，可见合理配风对控制采煤工作面瓦斯涌出量具有重要的作用。

6.1.2 3322 工作面瓦斯时空间（分区分时）协调抽采模式

瓦斯抽采技术在国内经历了60年的发展，已经形成了一定的模式，随着深部煤层的开采，单一或者机械的组合模式已经很难适应新形势，必须研究瓦斯抽采方式的适用性，有针对性地选择瓦斯抽采方法，探讨瓦斯抽采新的机制问题。

瓦斯分区抽采，主要是针对瓦斯不同的来源问题，选择不同的抽采方式以及不同的组合方式。分区抽采主要是针对新老采空区、覆岩裂隙区。采空区抽采主要采取的方式是采空区埋管（卧管或者立管）、采空区封闭、回风隅角插管等。覆岩裂隙区抽采主要采用高抽巷、地面钻孔等抽采方式。通过对五龙矿3322工作面“S”形覆岩空间裂隙场特征分析以及实际的观测，采用地面钻孔、高位钻孔、采空区埋管等综合抽采模式，主要研究“什么时间、什么地点”抽采多大浓度的瓦斯问题，探讨了深部开采瓦斯抽采的新模式，使低透气性煤层瓦斯抽采率能够超过70%，缓解了风排瓦斯的压力，建立了瓦斯抽采地点、瓦斯抽采时间、风排瓦斯量相互作用的时空协同机制。

相邻工作面采空区内的瓦斯由于瓦斯的上浮运动以及两工作面采空区上覆岩层的连通，瓦斯通过连通的裂隙空间运移到采煤工作面，瓦斯分区分时抽采模式主要是针对低透气性煤层卸压瓦斯抽采，按照不同区域采取不同的方法，以及随着采煤工作面的推进，不同的抽采方法在不同的时间发挥不同的作用，即在覆岩裂隙范围较大的时候加大瓦斯抽采力度，提高瓦斯抽采效率，从而达到抽采指标中规定的抽采率，五龙矿3322工作面的分区分时抽采模式见图6-8和图6-9。瓦斯抽采模式的选择与煤层瓦斯赋存条件有很大的关系，也就是瓦斯基础参数决定了瓦斯抽采方式的选取。五龙矿3322工作面属于太上煤层，瓦斯含量较大，透气性较低，煤层透气性系数属于可抽采煤层范围。太上煤层瓦斯基础参数如表6-2所列。

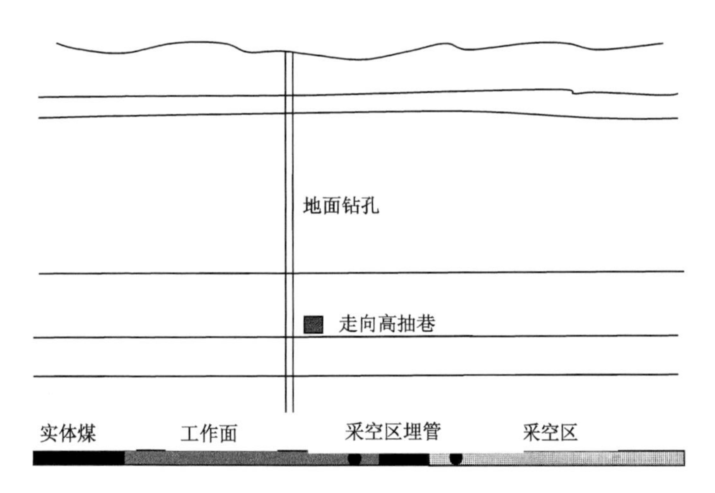

图 6-8　五龙矿“S”形覆岩空间裂隙场分区分时抽采模式剖面图

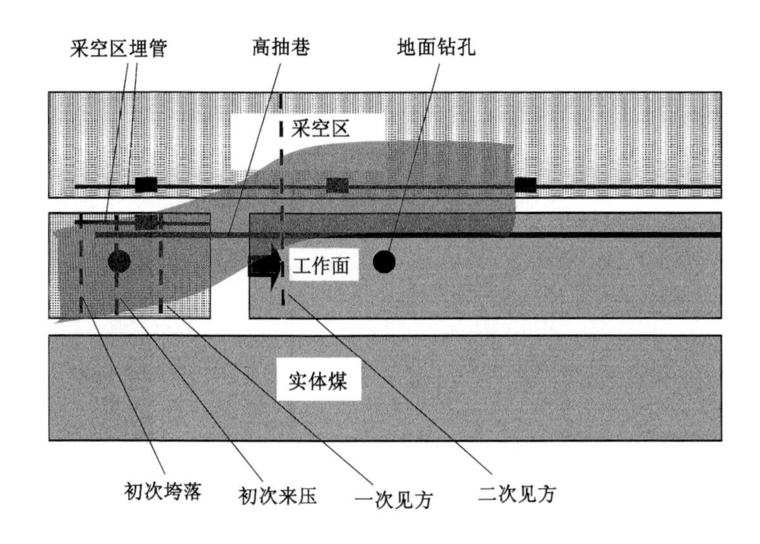

图 6-9　五龙矿“S”形覆岩空间裂隙场分区分时抽采模式平面布置

表 6-2　　太上煤层瓦斯基础参数表

采样地点	煤层	吸附常数		灰分/%	水分/%	挥发分/%	孔隙率/%	瓦斯含量/(mL/g)
		$a/(m^3/t)$	B/MPa^{-1}					
3321	太上	47.402	0.349	7.11	5.70	35.30	9	16.56

6.1.3 3322 工作面抽采系统布置

1. 开采前期抽采系统

(1) 地面固定抽采泵通过－600 m 水平抽采立眼→－600 m 水平平巷→－600 m 水平一号输送机大巷→－600 m 水平运输大巷→3312 新轨道下山→3322 回风巷(瓦斯道、老采空区);

(2) 地面固定抽采泵通过－365 m 水平抽采立眼→－515 m 水平总排风道→三水平西轨道→3312 新轨道下山→3322 回风巷(瓦斯道、采空区);

(3) －600 m 水平大巷瓦斯移动抽采泵→三水平西轨道下部车场→3312 新轨道下山→3322 回风巷→采空区埋管、一号瓦斯道;

(4) 地面固定抽采泵通过－365 m 水平抽采立眼→－365 m 水平砂井东→三水平东轨道下山→332 回风下山→3322 专用回风上山→3322 回风巷(瓦斯道)。

2. 开采后期抽采系统

(1) 地面固定抽采泵通过－365 m 水平抽采立眼→－365 m 水平砂井东侧→三水平东轨道→332 回风下山→3322 专用回风下山→3322 回风巷(瓦斯道、采空区);

(2) 地面固定抽采泵通过－365 m 水平抽采立眼→－600 m 水平一号输送机大巷→－600 m 水平运输大巷→3312 新轨道下山→3322 回风巷(瓦斯道)。

6.1.4 3322 工作面组合抽采方案设计

1. 地面钻孔抽采方案设计

工作面回采之后,上覆 N 组关键层原有应力状态被破坏,工作面周围应力重新分布,工作面上覆 N 组关键层自上而下分为瓦斯难解吸带、瓦斯解吸带、瓦斯抽采带等抽采三带,而地面钻孔从地表开始打钻孔一直到顶板上方,贯穿抽采三带,选取透气性好的抽采带作为抽采的重点区域。

地面钻孔抽采作为绿色抽采的重要组成部分,直接抽走卸压带瓦斯,而且可以根据抽采裂隙带的高度进行下一个钻孔高度调整,能动性比较大,还可以根据时间的变化进行高效抽采。五龙矿 3322 工作面初期打了两个钻孔,钻孔参数见表 6-3,钻孔布置见图 6-10,初期的两个钻孔 WL_1、WL_4 终孔位置分别为距顶板往下 1 m、回风巷 36 m 以及距顶板以上 10 m、回风巷 41 m。根据“S”形裂隙场的范围和钻机的钻进精度确定试验方案。

表 6-3　　地面钻孔参数表

钻孔标号	开孔坐标		终孔坐标		钻孔长度/m	孔径/mm		终孔位置
WL_1	X	−2 015.2	X	−1 960	929	0～121.75	273.05	距回风巷 36 m、距顶板往下 1 m，筛网 206.25 m
	Y	−2 683.4	Y	−2 702		121.75～722.75	177.80	
	Z	+261.1	Z	−696		460.53～929.00	127.00	
WL_4	X	−2 529.4	X	−2 153.95	1 045	0～132	217.0	距回风巷 41 m、切眼推进方向 32 m、顶板以上 10 m，筛网 120 m
	Y	−3 095.9	Y	−2 993.30		132～926	177.8	
	Z	+260.0	Z	−666.40		926～1 045	127.0	

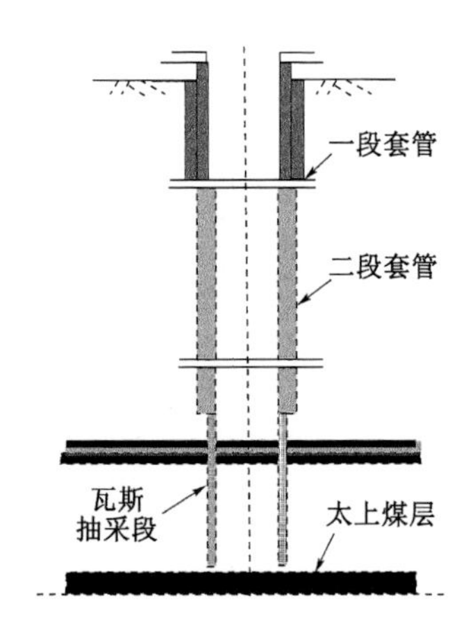

图 6-10　地面钻孔布置示意图

2. 高抽巷抽采方案设计

布置走向高抽巷道的空间应为瓦斯来源较广、瓦斯释放较活跃的区域，当工作面向前推进时，工作面后方的采空区及覆岩沿垂直方向形成瓦斯抽采三带，随着每一次岩层应力的重新分布，在邻近层和开采层之间的一定空间范围内就会形成一个网状分布的岩体裂隙带，形成了卸压瓦斯的流动通道，在该范围内抽采瓦斯效果较好。在进行高抽巷抽采瓦斯时，要想使高抽巷道参数布置合理，使其处于裂隙带中下部，必须对垮落带及裂隙带高度进行确定。

高抽巷应布置在"S"形覆岩空间裂隙场的轴部区，既可切断瓦斯运移通道，又可以抽采高浓度瓦斯，起到一举两得的目的，并成为新的瓦斯运移高速通道。高抽巷布置在覆岩破坏裂隙带内，当顶板初次垮落后，采空区及围岩内的瓦斯平衡受到破坏,采空区及围岩的瓦斯涌向瓦斯抽采巷,并经风排系统排到地面。高抽巷的作用主要从工作面初次垮落开始,之后到顶板初次来压之后,大量的瓦斯流经高抽巷。

顶板高抽巷设计参数的选取主要取决于上覆岩层裂隙带的高度,根据前面相似模拟和数值模拟结果以及“S”形覆岩空间裂隙场当量裂隙度的分布规律,再根据以下公式的计算,综合分析最终确定高抽巷的设置参数,如图 6-11 所示。

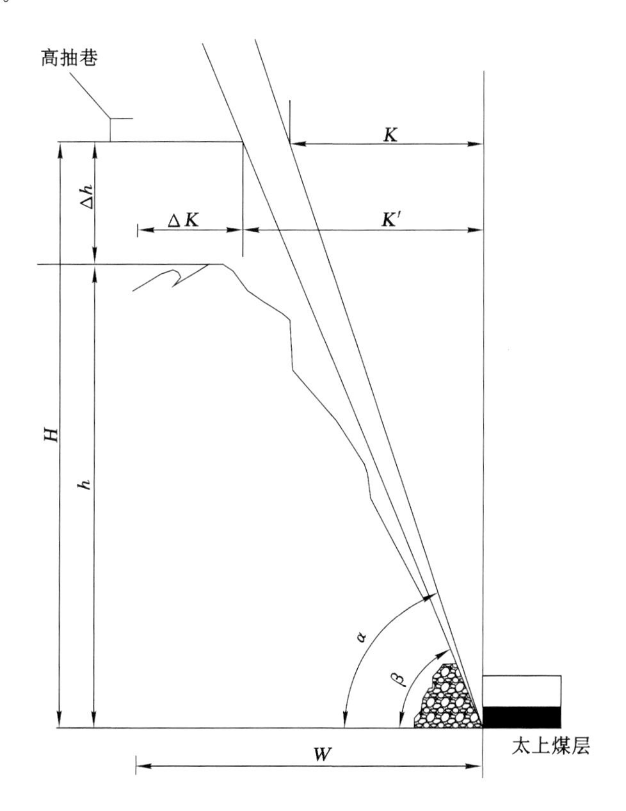

图 6-11 高抽巷计算参数示意图

$$H=h+\Delta h \tag{6-1}$$

$$W=K'+\Delta K \tag{6-2}$$

$$\Delta K=\frac{1}{2}\left(\frac{1}{2}x-K'\right) \tag{6-3}$$

$$K'=\frac{h}{\tan\beta} \tag{6-4}$$

$$K=\frac{H}{\tan\alpha} \tag{6-5}$$

式中　H——走向高抽巷距太上煤层底板垂高，m；

h——破坏垮落高度，底板以上 35 m，约 3 倍采高，m；

Δh——安全系数高度，为 1～1.5 倍采高，单侧采空工作面取 1.5；

K'——距回风巷水平投影长度，m；

K——距回风巷不卸压水平投影长度，m；

ΔK——走向高抽巷距充分卸压边界水平距离，m(深入水平卸压带水平投影长度)；

x——工作面长度，150 m；

β——顶板岩石垮落角度，平均 58°～65°；

α——顶板岩石卸压角，平均 65°～75°；

W——走向高抽巷距回风巷水平投影距离，m。

经公式计算，走向高抽巷道的高度应在 35～60 m 之间，布置在裂隙带的中下部，和前面数值模拟、相似模拟的结论对比综合判断，高抽巷道应当设置在距顶板 40～60 m 之间。

3. 新老采空区埋管抽采方案设计

采空区埋管抽采可分为老采空区密闭抽和新采空区半封闭抽。利用采空区埋设抽采管路的方式将采空区内高浓度的瓦斯抽出，主要抽采采空区内低位瓦斯，这一部分抽采必须有时间和量的要求，如果长时间盲目抽采，会造成自燃发火灾害。

对于有抽采系统或移动抽采系统的矿井，应把采空区瓦斯抽采作为防治采空区瓦斯爆炸或燃烧的重要措施，即通过采空区尾部的抽采负压点改变采空区内瓦斯浓度分布，降低采空区的瓦斯浓度，将爆炸带向采空区深部推移。一般做法是随着工作面向前推进，在回风巷内将两条管路交替埋入采空区较深的位置，如图 6-12 所示，具体步骤如下：

A：以开切眼为基点(零点)，工作面推进到 20 m 位置时，埋入 1# 抽采管；

B：当工作面推进到 40 m 时，1# 管路开始抽采；

C：当工作面推进到距开切眼 60 m 时，1# 管路继续抽采，埋入 2# 抽采管(带阀门)，其长度为 80 m；

D：当工作面推进到距开切眼 80 m 时，1# 抽采管根据监测结果，确定是否连续抽采，2# 抽采管开始抽采；

E：当工作面推进到距开切眼 100 m 时，1# 抽采管停止抽采，以后根据监测结果确定是否回收及再次抽采，同时埋设 3# 抽采管(带阀门)，支管长 80 m；

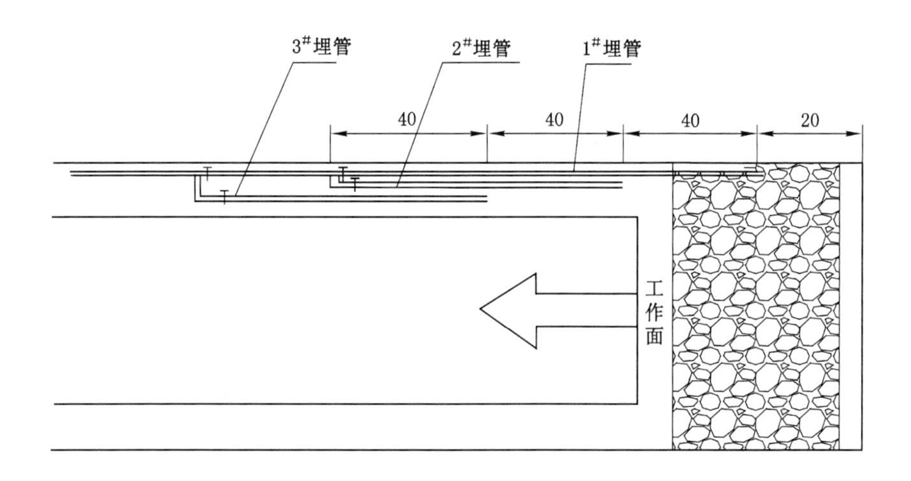

图 6-12　采空区埋管布置示意图

F:重复以上工作,直至工作面回采完毕。

当工作面距离终采线很近时,可根据当时具体终采线位置来确定是否再埋入管路。同时在停采后,打永久密闭,进行密闭抽采。

所有埋设的管路,前端 2 m 范围内打花眼,防止管路口堵塞,同时在埋设管路的同时,在入口处用木垛将入口保护起来。

一般开放式采空区抽采存在负压小、流量大的特点,在选择抽采泵时应选择大流量水环式真空泵。

由于 3322 工作面自燃比较严重,抽采时间、抽采负压和抽采量控制不好有可能产生发火,因此,本工作面回采过程中,如果其他方法能够实现瓦斯不超限,可封闭采空区进行瓦斯抽采。

6.1.5　3322 工作面“S”形覆岩空间裂隙场内瓦斯抽采效果评价

瓦斯抽采系统采用高低压两套系统:采空区采用低负压系统,地面钻孔和高抽巷采用高负压系统。瓦斯抽采率的高低是反映瓦斯抽采效果的指标,在新老采空区及工作面上覆裂隙组成的“S”形空间范围内,采用地面钻孔、高抽巷、采空区埋管等手段进行瓦斯抽采,在五龙矿 3322 工作面取得了较好的效果。

1. 地面钻孔瓦斯抽采效果评价

(1) WL_1 钻孔瓦斯抽采情况。

WL_1 钻孔于 2009 年 3 月 16 日开始使用，该钻孔瓦斯抽采流量在 20～22 m^3/min，瓦斯抽采浓度为 54%～80%，钻孔平均瓦斯抽采量为 12.4 m^3/min。

(2) WL_4 钻孔瓦斯抽采情况。

WL_4 钻孔于 2008 年 9 月 13 日开始使用，该钻孔瓦斯抽采流量在 20～28 m^3/min，瓦斯抽采浓度为 60%～80%，钻孔平均瓦斯抽采量为 15.6 m^3/min，钻孔总计瓦斯抽采量为 3.02×10^6 m^3。在地面矸石山安设两台 CDF-2BV3 型抽采泵与抽采钻孔连接，保证随时对工作面进行瓦斯抽采工作。

从 3322 综放面开采开始，对相关密闭及钻孔进行了认真观测，每天做好气体及压力变化观测，在工作面开采推进至 41 m 时，地面矸石山钻孔内瓦斯浓度开始上逐渐上升，抽采瓦斯浓度由 15%上升到 76%左右。

2. 走向高抽巷瓦斯抽采效果评价

高抽巷的抽采瓦斯浓度在 20%～51%之间，瓦斯抽采量为 7～15 m^3/min。走向高抽巷抽采主要是针对覆岩裂隙带瓦斯，既能够抽采高浓度瓦斯，又能阻断上邻近层瓦斯向本煤层运移。3322 工作面设计的高抽巷能够抽采到高浓度瓦斯，解决了回风隅角瓦斯超限问题。

3. 采空区埋管瓦斯抽采效果评价

采空区埋管抽采瓦斯流量在 3～9 m^3/min，瓦斯抽采浓度在 40%～80%之间。老采空区抽采的目的主要是减少采空区向工作面的瓦斯排放，也可以抽采出高浓度的瓦斯进行利用，减少向大气中排放瓦斯。

6.1.6 瓦斯时空间(分区分时)协调抽采例证

在 3322 综放工作面推进到 160 m 时，上覆采空区密闭负压增大(此前封闭区压差比较稳定，无明显变化，抽采流量也基本稳定)。同时，工作面回风流中瓦斯浓度由原来的 0.7%增加到 1%，根据密闭情况变化及工作面瓦斯涌出情况分析，工作面采空区与相邻采空区覆岩裂隙已经导通，为进一步进行验证，在相邻采空区内释放 SF_6 示踪气体，在回风巷进行接收且能够接收到少量示踪气体，证明新老采空区覆岩已经导通。在当日的白班进行抽采系统调整，加大封闭区的瓦斯抽采量，用一台 SK-85 型抽采泵抽采封闭区瓦斯，一台 2BEC52 型抽采泵抽采 3322 工作面瓦斯抽采巷瓦斯，用地面矸石山抽采钻孔抽采采空区瓦斯，经过调整各地点瓦斯抽采量，回风瓦斯浓度降到了 0.7%～0.8%之间，因此瓦斯抽采分时分区调整具有重要意义，能够保证煤层安全回采。

决定煤矿抽采瓦斯效果好坏的主要因素主要有两个：一是要有针对性地对准瓦斯涌出源进行抽采；二是要根据煤层地质及瓦斯赋存流动条件，结合开采条件，满足抽采瓦斯作用原理的要求，使抽采瓦斯效果达到最优。其他因素，如与开采的时间关系和汇集瓦斯工程的施工方式、工艺技术等，都是围绕抽采作用原理的实施，为取得最好的抽采效果而进行的。当然各因素之间是密切相关、互为补充的。如为获得最大卸压效果时，必须做到随采随抽，错过了这一时段，抽采效果就会大大降低；有关汇集瓦斯的工程（钻孔、巷道等）也必须按时到位，满足抽采的时空要求。

瓦斯抽采采用抽、截、堵的方法。对于能够直接抽采的瓦斯，采取多种方式直接抽采；对于不能够直接抽采的瓦斯，如果对回采产生威胁，可以采取截断的方式，即在瓦斯运移通道上布置钻孔或者巷道，截断瓦斯运移通道。如果截断的效果差，也可以采用注浆封堵的方式封闭瓦斯。

通过在“S”形覆岩空间裂隙场内采用分时分区抽采模式，包括高抽巷、采空区埋管等综合抽采方法，五龙矿 3322 工作面残存瓦斯含量从 13.6 m^3/t 降到了 6.8 m^3/t，低于《煤矿安全规程》规定的瓦斯抽采指标 8 m^3/t。

6.2 天安十矿“S”形覆岩空间裂隙场内瓦斯涌出及抽采工程实践

平煤集团天安十矿位于平顶山市区东郊，井田位于平顶山煤田东部，井田边界以 25 号勘探线与一矿相邻，东与八矿、十二矿相邻，南以各煤层露头为界，北以李口向斜轴部及－1 000 m 各煤层底板等高线为界，东西走向长 4.8 km，南北倾斜宽 7.5 km，地质储量 313.3 Mt，工业储量 300.8 Mt，可采储量 220.1 Mt。

24060 采煤工作面煤层倾角为 13°～25°，工作面所采煤层为己$_{15}$煤层，煤层厚度为 1.7～2.5 m，结构比较稳定，如图 6-20 所示。工作面设计走向长 1 570 m，切眼斜长 160 m。该工作面瓦斯含量 17 m^3/t，瓦斯压力为 2.8 MPa。24060 工作面有 2BEC-42 型泵两台，抽采回风隅角、高位巷瓦斯，抽采能力为 300 m^3/min。

6.2.1 “S”形覆岩空间裂隙场内卸压瓦斯涌出规律

24060 采煤工作面采用偏“Y”形通风方式，偏“Y”形通风方式的排放能力要远超于“U”形通风方式，其瓦斯涌出主要分成两部分，一部分随着回风流通过回风巷排出，而另一大部分瓦斯通过回风尾巷流入总回风巷。

图 6-13 是 24060 工作面回风巷、回风尾巷瓦斯浓度分布图。由图可知，尾巷瓦斯浓度最高达到了 3%，在开采初期回风尾巷尚未投入使用的时候，回风巷瓦斯浓度较高，在 1%以上，回风尾巷投入使用之后，瓦斯浓度控制在 1%以下。

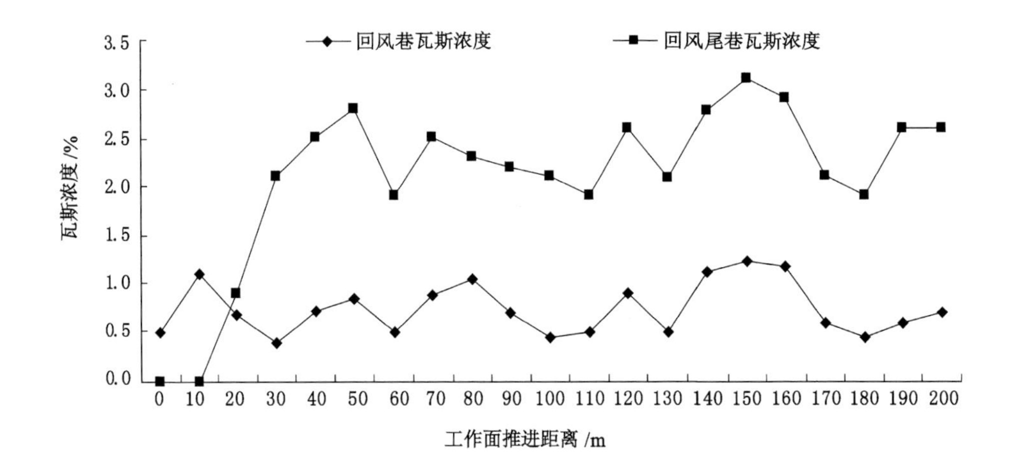

图 6-13　24060 工作面回风巷、回风尾巷瓦斯浓度分布图

通过分析得出回风巷和回风尾巷的瓦斯浓度分布具有一致性，并随着工作面的推进而呈周期性变化，在顶板初次垮落之后，回风巷和回风尾巷瓦斯浓度大幅升高，在顶板初次来压时瓦斯浓度接近最大值，而在周期来压和见方阶段瓦斯浓度变化异常。

6.2.2　24060 工作面瓦斯时空间协调抽采模式

天安十矿是高突矿井，瓦斯灾害十分严重。在 24060 工作面，由于与 24020 采空区只设 5 m 的区段煤柱，来自相邻采空区的瓦斯大量的涌入采煤工作面，在防突工作的基础上增加了瓦斯治理难度。因此，在 24060 工作面"S"形覆岩空间裂隙场范围内采取时空间(分时分区)瓦斯抽采模式十分必要，既能提高瓦斯抽采效率，又能减少瓦斯超限事故的发生。

根据 24060 工作面具体条件，采用了回风隅角抽采、高位尾巷抽采以及偏"Y"形通风方式进行瓦斯综合治理，见图 6-14。

24060 工作面的瓦斯时空间协调抽采模式，分为分区抽采、分时抽采。分区抽采主要针对"S"形覆岩空间裂隙场的头部区、轴部区、尾部区采用相应的瓦斯抽采方式；分时抽采主要在回采的几个主要阶段(初次垮落阶段、初次来压阶段、周期来压阶段、采空区一次见方阶段、采空区二次见方阶段)以及地质构造带区域、相变带等加大瓦斯抽采力度，实现瓦斯时空间协调抽采，提高瓦斯抽采率。

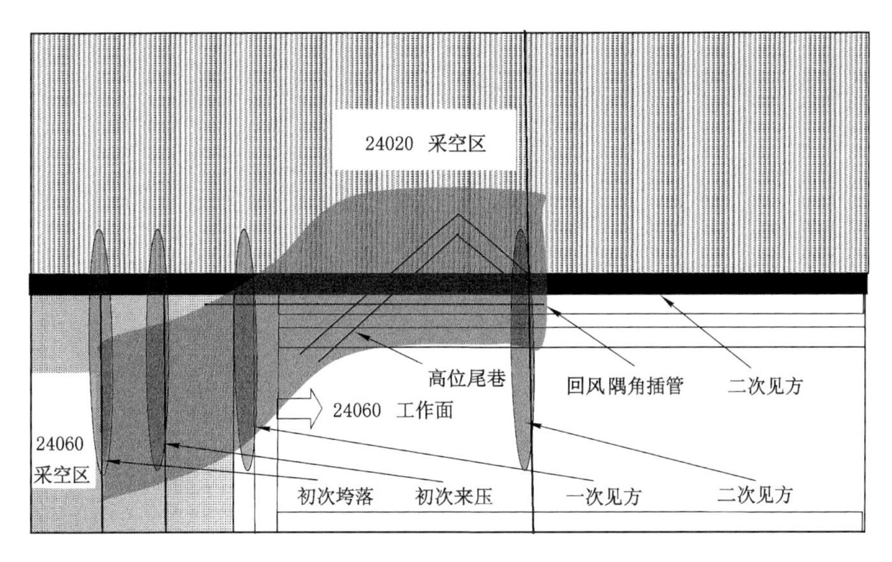

图 6-14 24060 工作面瓦斯抽采模式平面图

6.2.3 24060 工作面瓦斯抽采系统设计及效果评价

针对十矿煤层和瓦斯赋存特点以及单侧采空工作面的特征，着重进行了采煤工作面立体、综合抽采技术研究。在瓦斯涌出量大的采煤工作面，分别实施回风隅角埋管抽采、高位尾巷抽采，并根据工作面条件采取偏“Y”形通风方式。根据各种抽采方法所要求的流量、负压的不同，分别采取了低负压高流量、高负压低流量，不同抽采源、不同抽采管路和抽采泵以及瓦斯抽采管路网的瓦斯分时分区综合抽采模式。

1. 回风隅角插管（埋管）抽采

回风隅角插管抽采主要解决回风隅角局部瓦斯积聚问题，适用于瓦斯涌出量大、通风不能解决瓦斯问题的工作面，对于单侧采空工作面，采用此方法是十分必要的。回风隅角瓦斯抽采示意图如图 6-15 所示。

抽采管内径为 300 mm；抽采末端（进气端）插入最后立柱往里 3 m 以上紧贴顶板或者吊顶处；结合上封下堵措施，末架到上帮间隙封严；通过己四采区泵站安设的 2BEC-42 型抽采泵进行抽采。在泵站安设浓度、流量、负压测定装置，用来监测瓦斯浓度、负压、流量等瓦斯抽采参数。

己$_{15}$-24060 采煤工作面回采期间，抽采瓦斯混合流量为 100 m^3/min，抽采瓦斯浓度为 6% 以上，抽采瓦斯纯量为 6 m^3/min 以上，解决了大部分回风隅角瓦斯积聚的问题，再辅以其他抽采手段，大大减少了瓦斯超限事故。

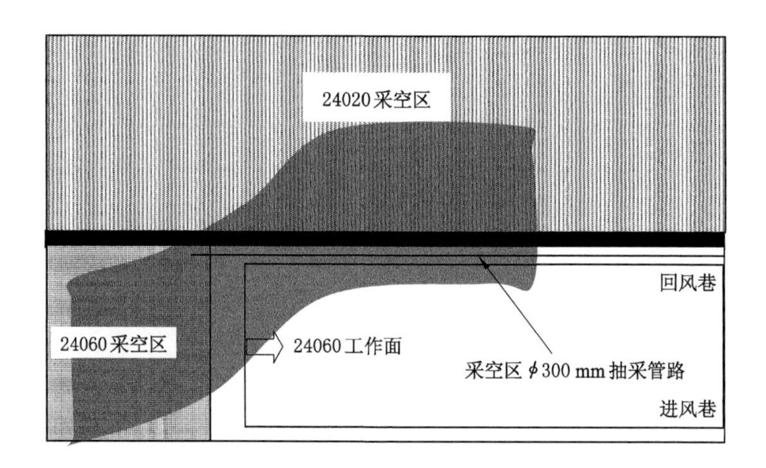

图 6-15　回风隅角瓦斯抽采示意图

2. 高位尾巷抽采

在单侧采空工作面，高位尾巷处于"S"形覆岩空间裂隙场的轴部区，是瓦斯治理的重要区域。高位尾巷瓦斯抽采方法也是突出矿井常用的抽采方法，既能对突出起到防御作用，又能抽出高浓度瓦斯，减少瓦斯超限次数。

在己$_{15}$-24060 采煤工作面回采期间，为解决该工作面回采期间回风流瓦斯超限问题，减少采空区瓦斯向回风巷的涌出，在该采煤工作面施工高位尾巷抽采钻场，即从风巷切眼向回采方向 200 m 处，向 24020 采空区方向开口，与区段煤柱夹角 45°(向采煤工作面所在方向)、20°仰角进入己$_{15}$-24020 采空区上方 40 m 后，拐 90°方位仍按 20°仰角施工，到达己$_{15}$-24060 回风巷，尾巷高度达到顶板以上 35 m 时，平行掘进 10 m 进入采煤工作面，与风巷内错 15 m 位置停止。尾巷内埋入直径为 300 mm 以上厚壁铁管与钻孔联网，从尾巷末端向外 20 m 位置施工密闭，密闭附近及抽采管路一侧每 6 m 打一木垛，尾巷出口筑挡风墙与回风巷隔开，尾巷内管路与风巷直径为 300 mm 的抽采管相联。利用己四井下抽采泵站安设 2BEC-42 型水环式真空抽采泵(2 号泵)进行高位尾巷钻场抽采(如图 6-16所示)。

钻场向采空区进 40 m 再转向起坡，既可以躲过采煤工作面回采时垮落带垮落的影响，又能截断老采空区瓦斯涌出通道；另外在钻场巷道内打木垛，与管路保持一定的距离，起到保护抽采管路的作用。此方法抽采末端在裂隙带内，相当于高抽巷抽采，只是工程量相对较少，它的作用是解决钻场以外 200 m 走向范围的瓦斯涌出问题。

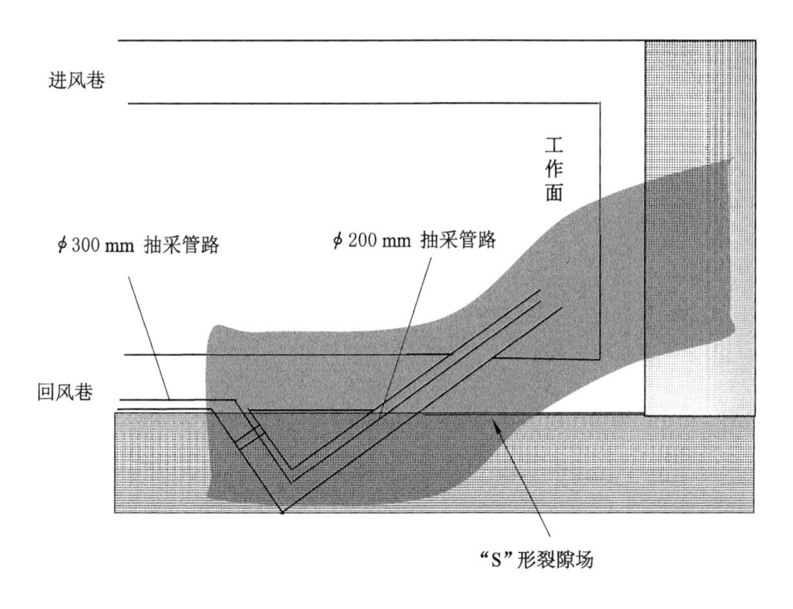

图 6-16　高位抽采尾巷示意图

己$_{15}$-24060 采面风巷内布置三个钻场，瓦斯抽采混合量达到 110 m^3/min，抽采浓度在 11%左右，抽采纯量达到 12.1 m^3/min。加上回风隅角等的瓦斯抽采量，本采煤工作面瓦斯抽采纯量稳定在 15 m^3/min 以上。

3. 偏“Y”形通风方式

采煤工作面在使用“U”形通风系统时，回风隅角容易积聚瓦斯，因为邻近层涌出瓦斯的大部分流经这里，而这里风速又比较小，如图 6-17 所示。当采用偏“Y”形通风方式后，由于在采空区内留有一段回风巷，邻近层涌出的大部分瓦斯经偏 Y 风巷排出，如图 6-18 所示，从而降低了回风隅角及回风巷内的瓦斯浓度，同时也减少了回风隅角瓦斯超限次数，提高综采工作面生产能力，为矿井的安全生产创造良好工作环境。

在己$_{15}$-24060 采煤工作面回采时，在采煤工作面风巷上错 5 m 布置偏 Y 风巷，由于上阶段戊$_{9\text{-}10}$煤层已回采，所以沿戊$_{11}$煤层掘进，采用木柱木梁梯形支护，每隔一定距离在风巷与偏 Y 风巷间布置一个联络巷，除第一、第二联络巷间距 16 m 外，其他联络巷间距大致为 30 m。

己$_{15}$-24060 采煤工作面在偏 Y 风巷使用之前基本上处在无法生产的局面，在生产状态下，采煤工作面风量在 1 400 m^3/min 以上时，回风流中瓦斯浓度处于临界状态，且产量很低，平均日产量不足 1 000 t。

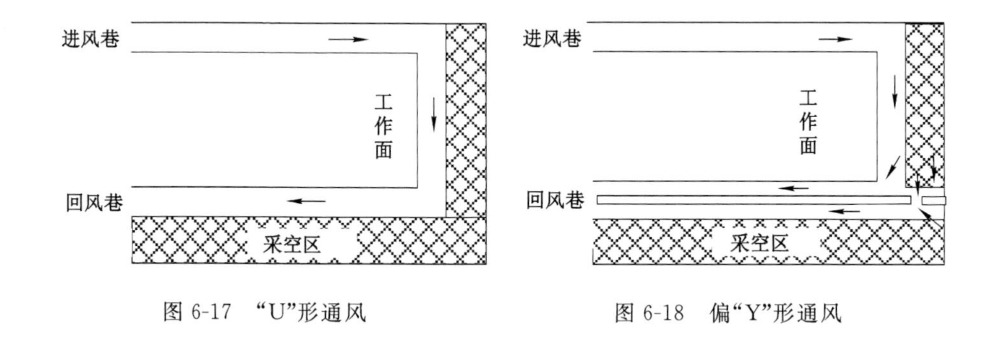

图 6-17 “U”形通风　　　图 6-18 偏“Y”形通风

偏Y风巷使用后，工作面风量增加幅度不大，保证在1 500 m^3/min以上，但工作面平均日产量增加到1 500 t时，回风流瓦斯浓度控制在0.9%，治理效果显著。

6.2.4 瓦斯时空间(分区分时)协调抽采实现的技术途径

瓦斯时空间协调抽采主要是在正确的地点与正确的时间进行瓦斯抽采工作，提高瓦斯抽采效率。通过前面的研究能够确定时空间协调抽采的机制，但是，如何能够保证所得出的新方案顺利实施，需要从实现的技术途径方面入手，天安十矿采用瓦斯抽采系统网络化的技术途径来实现瓦斯分时分区抽采。

高产量、高瓦斯矿井，一般井下布置多个采区，而每个采区需要布置一个移动泵站，多个采区移动泵站与地面固定泵站的连接形成了独特的瓦斯抽采网络化系统。瓦斯抽采系统网络化技术已在淮南、平顶山、阳泉等多个矿区使用。

通过瓦斯抽采网络化系统，可以优化资源配置。在天安十矿24060单侧采空工作面，首先进行了抽采系统的联网，采面与已四移动泵站连接，移动泵站与地面固定泵站及其他采区泵站进行连接。在24060采煤工作面瓦斯涌出高峰期，本采区泵站不能完全解决问题的情况下，利用地面固定泵站及其他采区移动泵站加大瓦斯抽采强度，保证采煤工作面安全回采。

6.2.5 瓦斯时空间(分区分时)协调抽采例证

天安十矿整个矿井进行了瓦斯抽采系统的联网，可以根据不同地点的瓦斯抽采任务进行瓦斯抽采的调节，当某个地点瓦斯涌出量突然增大，可以通过加大抽采力度来调节风排瓦斯的浓度以及地面瓦斯利用的浓度。24060采煤工作面覆岩裂隙抽采主要采用回风隅角和高位尾巷抽采的综合抽采模式。

当24060工作面回采至158 m时，也就是采空区处于见方阶段，回风流瓦斯浓度明显增大，在很短的时间内瓦斯积聚，导致回风流瓦斯浓度超限，采煤工作面停止生产。这个时间立即开启与地面固定泵站管路连接的阀门，加大瓦斯临时抽采强度，降低回风流瓦斯浓度。瓦斯分时分区抽采模式对于多瓦斯源的高瓦斯矿井，不仅能够提高瓦斯抽采效率，还能够对瓦斯异常情况作出反应，以达到瓦斯不超限的要求。

通过在24060工作面“S”形覆岩空间裂隙场内采用瓦斯时空间（分时分区）抽采模式及高位尾巷、回风隅角抽采等抽采方式，天安十矿24060采煤工作面残存瓦斯含量从12.8 m^3/t降到了5.1 m^3/t，低于《煤矿安全规程》规定的8 m^3/t。

参考文献

[1] 贝尔.多孔介质流体动力学[M].李竞生,陈崇希,译.北京:中国建筑工业出版社,1983:28-46.

[2] 蔡美峰,何满朝,刘东燕.岩石力学与工程[M].北京:科学出版社,2002:34-38.

[3] 车强.采空区气体三维多场耦合规律研究[D].北京:中国矿业大学(北京),2010.

[4] 陈育民,徐鼎平.FLAC/FLAC3D基础与工程实例[M].北京:中国水利水电出版社,2008:5-10.

[5] 丁厚成.张集矿综采面瓦斯运移规律及抽放技术研究[D].北京:北京科技大学,2008.

[6] 高保彬.采动煤岩裂隙演化及其透气性试验研究[D].北京:北京交通大学,2010.

[7] 韩占忠,王敬,兰小平.流体工程仿真计算实例与应用[M].北京:北京理工大学出版社,2004:88-98.

[8] 何富连,赵计生,姚志昌.采场岩层控制论[M].北京:冶金工业出版社,2009:32-34.

[9] 黄志安.近距离高瓦斯煤层综采面瓦斯抽放理论与应用研究[D].北京:北京科技大学,2006.

[10] 惠功领.煤矿深部近距离低采高上保护层开采瓦斯灾害协同控制技术[D].徐州:中国矿业大学,2011.

[11] 贾喜荣.矿山岩层力学[M].北京:煤炭工业出版社,1997:10-12.

[12] 江帆,黄鹏.Fluent高级应用与实例分析[M].北京:清华大学出版社,2010:48-54.

[13] 姜福兴.采场顶板控制设计及其专家系统[M].徐州:中国矿业大学出版社,1995:205-212.

[14] 姜福兴.采场覆岩空间结构观点及其应用研究[J].采矿与安全工程学报,2006,23(1):30-33.

[15] 姜福兴.煤矿采场顶板控制设计咨询系统研制[D].泰安:山东矿业学院,1988.
[16] 姜福兴.岩层质量指数及其应用[J].岩石力学与工程学报,1994(3):270-278.
[17] 姜福兴,宋振骐,宋扬.老顶的基本结构形式[J].岩石力学与工程学报,1993,12(4):366-379.
[18] 姜福兴,王春秋,宋振骐.采场覆岩结构与应力场动态关系探讨:中国科协第46次"青年科学家"论坛文集[C].合肥:中国科学技术出版社,1999.
[19] 姜福兴,王同旭,潘立友,等.矿山压力与岩层控制[M].北京:煤炭工业出版社,2004:5-10.
[20] 姜福兴,王同旭,汪华君,等.四面采空"孤岛"综放采场矿压控制的研究与实践[J].岩土工程学报,2005,27(9):1101-1104.
[21] 姜福兴,XUN LUO,杨淑华.采场覆岩空间破裂与采动应力场的微震探测研究[J].岩土工程学报,2003,25(1):23-25.
[22] 姜福兴,杨淑华,成云海,等.煤矿冲击地压的微地震监测研究[J].地球物理学报,2006,49(5):1511-1516.
[23] 姜福兴,杨淑华,XUN LUO.微地震监测揭示的采场围岩空间破裂形态[J].煤炭学报,2003,28(4):357-360.
[24] 姜福兴,张兴民,XUN LUO,等.长壁采场覆岩空间结构探讨[J].岩石力学与工程学报,2006,25(5):979-984.
[25] 姜耀东,赵毅鑫.煤岩冲击失稳的机理和实验研究[M].北京:科学出版社,2009:45-49.
[26] 蒋金泉.长壁工作面老顶初次断裂步距及类型研究[J].山东矿业学院学报,1991,5(4):23-27.
[27] 孔祥言.高等渗流力学[M].合肥:中国科学技术大学出版社,1999:23-55.
[28] 兰泽全,张国枢.多源多汇采空区瓦斯浓度场数值模拟[J].煤炭学报,2007,32(4):396-402.
[29] 李川亮,孔祥言,徐献芝,等.多孔介质的双重有效应力[J].自然杂志,1999,21(5):288-297.
[30] 李宏艳.采动应力场与瓦斯渗流场耦合理论研究现状及趋势[J].煤矿开采,2008,13(3):4-7.
[31] 李会义,姜福兴,杨淑华.基于Matlab的岩层微震破裂定位求解及其应用[J].煤炭学报,2006,31(2):154-158.
[32] 李树刚.综放开采围岩活动及瓦斯运移[M].徐州:中国矿业大学出版社,

2000:2-10.
[33] 李树刚,钱鸣高.综放采空区冒落特征及瓦斯流态[J].矿山压力与顶板管理,1997,3(4):76-78.
[34] 李树刚,钱鸣高,石平五.综放开采覆岩离层裂隙变化及空隙渗流特性研究[J].岩石力学与工程学报,2000,1(5):604-607.
[35] 李宗翔.综放工作面采空区瓦斯涌出规律的数值模拟研究[J].煤炭学报,2002,27(2):173-178.
[36] 李宗翔,王继仁,周西华.高瓦斯矿井采空区瓦斯排放的数值模拟应用[J].中国地质灾害与防治学报,2003,14(3):71-75.
[37] 梁栋.矿内瓦斯运移规律及其应用[D].徐州:中国矿业大学,1996.
[38] 林柏泉,张建国.矿井瓦斯抽放理论与技术[M].徐州:中国矿业大学出版社,2007:43-50.
[39] 林柏泉,周世宁,张仁贵.U形通风工作面采空区上隅角瓦斯治理技术[J].煤炭学报,1997,22(5):509-513.
[40] 林海飞.综放开采覆岩裂隙演化与卸压瓦斯运移规律及工程应用[D].西安:西安科技大学,2009.
[41] 刘波,韩彦辉.Flac原理、实例与应用指南[M].北京:人民交通出版社,2005:45-48.
[42] 刘金海,姜福兴,冯涛.C型采场支承压力分布特征的数值模拟研究[J].岩土力学,2010,31(12):4011-4015.
[43] 刘泉声,高玮,袁亮.煤矿深部岩巷稳定控制理论与支护技术及应用[M].北京:科学出版社,2010:101-121.
[44] 刘天泉.矿山岩体采动影响与控制工程学及其应用[J].煤炭学报,1995,20(1):1-5.
[45] 刘卫群,缪协兴.综放开采J型通风采空区渗流场数值分析[J].岩石力学与工程学报,2006,25(6):1152-1158.
[46] 刘泽功.卸压瓦斯储集与采场围岩裂隙演化关系研究[D].合肥:中国科学技术大学,2004.
[47] 刘泽功,袁亮.首采煤层顶底板围岩裂隙内瓦斯储集及卸压瓦斯抽采技术研究[J].中国煤层气,2006,3(2):225-226.
[48] 刘泽功,袁亮,戴广龙,等.采场覆岩裂隙特征研究及在瓦斯抽放中应用[J].安徽理工大学学报,2004,24(4):10-15.
[49] 刘泽功,袁亮,戴广龙,等.开采煤层顶板环形裂隙圈内走向长钻孔法抽放瓦斯研究[J].中国工程科学,2004,6(5):32-38.

[50] 罗新荣.煤层瓦斯运移物理模拟与理论分析[J].中国矿业大学学报,1991,20(3):36-42.

[51] 马其华.长壁采场覆岩"O"型空间结构及相关矿山压力研究[D].青岛:山东科技大学,2005.

[52] 马其华,姜福兴,成云海.采动初期覆岩结构演化与分析[J].矿山压力与顶板管理,2004,13(2):13-14.

[53] 聂百胜,何学秋,王恩元.瓦斯气体在煤孔隙中的扩散模式[J].矿业安全与环保,2000,27(5):14-16.

[54] 潘宏宇.复合关键层下采场压力及煤层瓦斯渗流耦合规律研究[D].西安:西安科技大学,2009.

[55] 彭永伟.高强度开采煤体采动裂隙场演化及其与瓦斯流动场耦合作用研究[D].北京:煤炭科学研究总院,2008.

[56] 齐庆新,彭永伟,汪有刚,等.基于煤体采动裂隙场分区的瓦斯流动数值模拟分析[J].煤矿开采,2010,15(5):8-10.

[57] 钱鸣高.20 年来采场围岩控制理论与实践的回顾[J].中国矿业学报,2000,29(1):1-4.

[58] 钱鸣高,刘听成.矿山压力及其控制[M].北京:煤炭工业出版社,1996:2-12.

[59] 钱鸣高,缪协兴,许家林.岩层控制中的关键层理论研究[J].煤炭学报,1996,21(3):225-230.

[60] 钱鸣高,许家林.覆岩采动裂隙分布的"O"形圈特征研究[J].煤炭学报,1998,23(5):466-469.

[61] 秦汝祥.高瓦斯高产工作面立体"W"型空气动力学系统研究[D].淮南:安徽理工大学,2008.

[62] 屈庆栋.采动上覆瓦斯卸压运移的"三带"理论及其应用研究[D].徐州:中国矿业大学,2010.

[63] 邵昊.高瓦斯易自燃采空区双层遗煤均压通风系统研究[D].徐州:中国矿业大学,2011.

[64] 史红,姜福兴.采场上覆大厚度坚硬岩层破断规律的力学分析[J].岩石力学与工程学报,2004,23(18):3066-3069.

[65] 史红,姜福兴.采场上覆岩层结构理论及其新进展[J].山东科技大学学报,2005,24(1):21-25.

[66] 史红,姜福兴.综放采场上覆厚层坚硬岩层破断规律的分析及应用[J].岩土工程学报,2006,28(4):525-528.

[67] 史红，姜福兴，汪华君. 综放采场周期来压阶段顶板结构稳定性与顶煤放出率的关系[J]. 岩石力学与工程学报，2005，24(23)：4233-4238.
[68] 史元伟，张声涛，尹世魁，等. 国内外煤矿深部开采岩层控制技术[M]. 北京：煤炭工业出版社，2009：3-10.
[69] 宋振骐. 实用矿山压力控制[M]. 徐州：中国矿业大学出版社，1988：15-18.
[70] 孙凯民，许德龄，杨昌能，等. 利用采场覆岩裂隙研究优化采空区瓦斯抽放参数[J]. 采矿安全工程学报，2008，25(3)：366-370.
[71] 孙茂远，黄盛初. 煤层气开发与利用手册[M]. 北京：煤炭工业出版社，1998：78-97.
[72] 孙培德. 瓦斯动力学模型的研究[J]. 煤田地质与勘探，1993，21(1)：32-40.
[73] 谭云亮. 矿山压力与岩层控制[M]. 北京：煤炭科学出版社，2007：28-32.
[74] 涂敏，刘泽功. 煤体采动顶板裂隙发育研究与应用[J]. 煤炭科学技术，2002，30(7)：54-56.
[75] 汪华君. 四面采空采场"θ"型覆岩多层空间结构运动及控制研究[D]. 青岛：山东科技大学，2005.
[76] 汪有刚，刘建军，杨景贺. 煤层瓦斯流固耦合渗流的数值模拟[J]. 煤炭学报，2001，26(3)：286-289.
[77] 王存文. 基于微震监测和覆岩空间结构理论的冲击地压预测与防治[D]. 北京：北京科技大学，2008.
[78] 王福军. 计算流体动力学 CFD 软件原理与应用[M]. 北京：清华大学出版社，2004：66-69.
[79] 王海峰. 采场下伏煤岩体卸压作用原理及在被保护层卸压瓦斯抽采中的应用[D]. 徐州：中国矿业大学，2008.
[80] 王家臣. 厚煤层开采理论与技术[M]. 北京：冶金工业出版社，2009：231-235.
[81] 王凯，俞启香，杨胜强，等. 脉冲通风条件下上隅角瓦斯运移数值模拟与试验研究[J]. 煤炭学报，2000，25(4)：391-396.
[82] 王魁军，王佑安，许昭泽，等. 交叉钻孔预抽本煤层瓦斯[J]. 煤炭科学技术，1995，23(11)：1-6.
[83] 王亮，程远平，蒋静宇. 巨厚火成岩下采动裂隙场与瓦斯流动场耦合规律研究[J]. 煤炭学报，2010，35(8)：1287-1291.
[84] 王瑞金，张凯，王刚. Fluent 技术基础与应用实例[M]. 北京：清华大学出版社，2007：28-36.
[85] 王佑安. 煤矿安全手册[M]. 北京：煤炭工业出版社，1994.

[86] 王佑安,朴春杰.用煤解吸瓦斯速度法井下测定煤层瓦斯含量的初步研究[J].煤矿安全,1981(11):8-13.
[87] 王佑安,吴继周.矿井瓦斯防治[M].北京:煤炭工业出版社,1994:22-28.
[88] 王兆丰.空气、水和泥浆介质中煤的瓦斯解吸规律与应用研究[D].徐州:中国矿业大学,2001.
[89] 卫修君,林柏泉.煤岩瓦斯动力灾害发生机理及综合治理技术[M].北京:科学出版社,2009:88-93.
[90] 吴财芳,曾勇,秦勇.煤与瓦斯共采技术的研究现状及其应用发展[J].中国矿业大学学报,2004,33(2):137-140.
[91] 吴仁伦.煤层群开采瓦斯卸压抽采“三带”范围的理论研究[D].徐州:中国矿业大学,2011.
[92] 谢和平,彭苏萍,何满朝.深部开采基础理论与工程实践[M].北京:科学出版社,2006:20-24.
[93] 徐涛.煤岩破裂过程固气耦合数值试验[D].沈阳:东北大学,2004.
[94] 许家林,钱鸣高.应用图像分析技术研究采动裂隙分布特征[J].煤矿开采,1997,2(1):37-39.
[95] 许江,鲜学福.含瓦斯煤的力学特性的实验分析[J].重庆大学学报,1993,16(5):26-32.
[96] 杨宏伟,富向.复杂条件下软岩顶板高位短钻孔的瓦斯抽放技术探讨[J].煤矿安全,2006(8):52-54.
[97] 杨科.围岩宏观应力壳和采动裂隙演化特征及其动态效应研究[D].淮南:安徽理工大学,2007.
[98] 杨其銮,王佑安.煤屑瓦斯扩散理论及其应用[J].煤炭学报,1986,11(3):62-70.
[99] 于不凡,王佑安.煤矿瓦斯灾害防治及利用技术手册[M].修订版.北京:煤炭工业出版社,2005:234-256.
[100] 余楚新,鲜学福.煤层瓦斯渗流有限元分析中的几个问题[J].重庆大学学报,1997,17(4):58-63.
[101] 俞启香,王凯,杨胜强.中国采煤工作面瓦斯涌出规律及其控制研究[J].中国矿业大学学报,2000,29(1):9-14.
[102] 袁亮.低透气性煤层群无煤柱煤与瓦斯共采理论与实践[M].北京:煤炭工业出版社,2008:121-128.
[103] 袁亮.松软低透气性煤层群瓦斯抽采理论与技术[M].北京:煤炭工业出版社,2004:97-102.

[104] 袁亮,郭华,沈宝堂,等.低透气性煤层群煤与瓦斯共采中的高位环形裂隙场[J].煤炭学报,2011,36(3):357-365.

[105] 袁亮,刘泽功.淮南矿区开采煤层顶板抽放瓦斯技术的研究[J].煤炭学报,2003,28(2):149-152.

[106] 翟成.近距离煤层群采动裂隙场与瓦斯流动场耦合规律及防治技术研究[D].徐州:中国矿业大学,2008.

[107] 张国华,李凤仪.矿井围岩控制与灾害防治[M].徐州:中国矿业大学出版社,2009:22-34.

[108] 张宏伟.阜新矿区地质动力灾害预测研究[R].阜新:辽宁工程技术大学,2005.

[109] 张建文,杨振亚,张政.流体流动与传热过程的数值模拟基础与应用[M].北京:化学工业出版社,2009:67-69.

[110] 张力,何学秋,李侯全.煤层气渗流方程及数值模拟[J].天然气工业,2002,22(1):23-26.

[111] 赵阳升.矿山岩石流体力学[M].北京:煤炭工业出版社,1994:56-78.

[112] 赵阳升.煤体瓦斯耦合数学模型及数值解法[J].岩石力学与工程学报,1994,13(3):229-239.

[113] 赵阳升,杨栋,胡耀青,等.低渗透煤储层煤层气开采有效技术途径的研究[J].煤炭学报,2001,26(5):455-458.

[114] 周世宁,林柏泉.煤层瓦斯赋存与流动理论[M].北京:煤炭工业出版社,1999:78-98.

[115] 周世宁,林柏泉.煤矿瓦斯动力灾害防治理论及控制技术[M].北京:科学出版社,2007:23-28.

[116] 周世宁,孙辑正.煤层瓦斯流动理论及其应用[J].煤炭学报,1965,2(1):24-36.

[117] 朱红钧,林元华,谢龙汉.Fluent 流体分析及仿真实用教程[M].北京:人民邮电出版社,2010:34-56.

[118] 朱万成,杨天鸿,霍忠刚.基于数值图像处理技术的煤层瓦斯渗流过程数值模拟[J].煤炭学报,2009,34(1):18-23.

[119] 邹喜正.矿山压力与岩层控制[M].徐州:中国矿业大学出版社,2005:8-32.

[120] SAGHAFI A,WILLAMS R J.煤层瓦斯流动的计算机模拟及其在预测瓦斯涌出和抽放瓦斯的应用[J].煤矿安全,1988(4):22-23.

[121] CAO A,DOU L,YAN R,et al. Classification of microseismic events in

high stress zone [J]. Mining science and technology, 2009, 19 (6): 718-723.

[122] CHATTERJEE R,PAL P K. Estimation of stress magnitude and physical properties for coal seam of Rangamati area,Raniganj coalfield,India [J]. International journal of coal geology,2010,81(1):25-36.

[123] CHOI E,CHAKMA A,NANDAKUMAR K. Bifurcation study of natural convection in porous media with internal heat sources:the non-Darcy effects[J].International journal of heat and mass transfer,1998,41(2): 383-392.

[124] CONNELL L D. Coupled flow and geomechanical processes during gas production from coal seams[J].International journal of coal geology, 2009,79(1/2):18-28.

[125] DAVID HANSEN, VINOD K GARGA, D RONALD TOWNSEND. Selection and application of a one-dimensional non-Darcy flow equation for two-dimensional flow through rockfill embankments[J]. Canadian geotechnical journal,1995,32:200-201.

[126] FAIZ M,SAGHAFI A,SHERWOOD N,et al. The influence of petrological properties and burial history on coal seam methane reservoir characterisation,Sydney Basin,Australia[J].International journal of coal geology,2007,70(1/3):193-208.

[127] FLORES ROMEO M. Coalbed methane:from hazard to resource[J]. International journal of coal geology,1998,35(1/4):3-26.

[128] KAYPER R A. Simulation of underground gasification of thin coal seams [J]. Fuel and energy abstracts,1997,38(3):154-160.

[129] KELL J A. Spatially varied flow over rock fill embankments[J]. Canadian journal of civil engineering,1993,20:820-827.

[130] LIU H B,CHENG Y P,SONG J C,et al. Pressure relief,gas drainage and deformation effects on an overlying coal seam induced by drilling an extra-thin protective coal seam[J].Mining science and technology,2009, 19(6):724-729.

[131] LIU H B,CHENG Y P,SONG J C,et al.Pressure relief,gas drainage and deformation effects on an overlying coal seam induced by drilling an extra-thin protective coal seam[J].Mining science and technology,2009,19 (6):724-729.

[132] LIU H Y,CHENG Y P,ZHOU H X,et al. Fissure evoluation and evaluation of pressure-relief gas drainage in the exploitation of super-remote protected seams [J]. Mining science and technology, 2010, 20 (2): 178-182.

[133] LIU L,CHENG Y P,WANG H F,et al. Principle and engineering application of pressure relief gas drainage in low permeability outburst coal seam[J].Mining science and technology,2009,19(3):342-345.

[134] LIU Y K,ZHOU F B,LIU L,et al.An experimental and numerical investigation on the deformation of overlying coal seams above double-seam extraction for controlling coal mine methane emissions[J]. International journal of coal geology,2011,87(2):139-149.

[135] LU T K,YU H ,DAI Y H. Longhole waterjet rotary cutting for in-seam cross panel methane drainage[J]. Mining science and technology,2010, 20(3):378-383.

[136] LUO X,HATHERLY P,MCKAVANAGH B.Microseismic monitoring of longwall caving processes at Gordonstone mine,Australia[C]//Advances in Rock Mechanics,1998:67-79.

[137] MARTIN R. Turbulent seepage flow through rockfill structures[J]. International water power and dam construction,1990,42(3):41-45.

[138] MERCER R A,BAWDEN W F. A statistical approach for the integrated analysis of mine induced seismicity and numerical stress estimates,a case study—part Ⅱ: evaluation of the relations[J].International journal of rock mechanics and mining sciences,2005,42(1):73-94.

[139] MORITA N,BLACK A D,FUH G F.Borehole breakdown pressure with drilling fluids—Ⅰ. empirical results[J]. International journal of rock mechanics and mining sciences and geomechanics abstracts,1996,33(1):39-51.

[140] PALCHIK V. Influence of physical characteristics of weak rock mass on height of caved zone over abandoned subsurface coal mines[J]. Environment geology,2002,42(1):92-101.

[141] PANTHULU T V,KRISHNAIAH C,SHIRKE J M. Detection of seepage paths in earth dams using self-potential and electrical resistivity methods[J]. Engineering geology,2001,59:281-295.

[142] PESEK J,SYKOROVA I. A review of the timing of coalification in the light of coal seam erosion,clastic dykes and coal clasts[J]. International

journal of coal geology, 2006,66(1/2):13-34.

[143] QU P,SHEN R C,FU L,et al. Time delay effect due to pore pressure changes and existence of cleats on borehole stability in coal seam[J]. International journal of coal geology,2011,85(2):212-218.

[144] REN F H,LAI X P,CAI M F. Dynamic destabilization analysis based on AE experiment of deep-seated,steep-inclined and extra-thick coal seam [J]. Journal of university of science and technology Beijing,2008,15(3): 215-219.

[145] SAGHAFI A,PINETOWN K. The role of interseam strata in the retention of CO_2 and CH_4 in a coal seam gas system[J]. Energy procedia, 2011,4:3117-3124.

[146] SOSROWIDJOJO I B,SAGHAFI A. Development of the first coal seam gas exploration program in Indonesia: reservoir properties of the Muaraenim formation,south Sumatra[J]. International journal of coal geology,2009,79(4):145-156.

[147] SUN J,WANG L G,WANG Z S,et al. Determining areas in an inclined coal seam floor prone to water-inrush by micro-seismic monitoring[J]. Mining science and technology,2011,21(2):165-168.

[148] WALKER R,GLIKSON M,MASTALERZ M. Relations between coal petrology and gas content in the Upper Newlands seam, Central Queensland,Australia[J]. International journal of coal geology,2001,46 (2/4):83-92.

[149] WANG C,WU A,LIU X,et al. Study on fractal characteristics of b value with microseismic activity in deep mining[J]. Procedia earth and planetary science,2009(1):592-597.

[150] WANG L,CHENG Y P,LI F R,et al. Fracture evolution and pressure relief gas drainage from distant protected coal seams under an extremely thick key stratum[J]. Journal of China university of mining and technology,2008,18(2):182-186.

[151] WILLIAM R. Grid-search event location with non-Gaussian error models [J]. Physics of the earth and planetary interiors,2006,158(1):55-66.

[152] WOLF K A A,VAN BERGEN F,EPHRAIM R,et al. Determination of the cleat angle distribution of the RECOPOL coal seams,using CT-scans and image analysis on drilling cuttings and coal blocks[J]. International

journal of coal geology,2008,73(3/4):259-272.

[153] XU Y Z,CUI R F,HUANG W C,et al. Reflectivity forward modeling and a CSSI method seismic inversion study of igneous intrusive area, coked area,and gas-enriched area located within a coal seam[J]. Mining science and technology,2009,19(4):457-462.

[154] XU Y Z,HUANG W C,CHEN T J,et al. An evaluation of deep thin coal seams and water-bearing/resisting layers in the quaternary system using seismic inversion [J]. Mining science and technology, 2009, 19 (2): 161-165.

[155] YANG W,LIN B Q,WU H J. Study of the stress relief and gas drainage limitation of a drilling and the solving mechanism[J]. Procedia earth and planetary science,2009(1):371-376.

[156] ZHANG D,FAN G,MA L,et al. Aquifer protection during longwall mining of shallow coal seams:a case study in the Shendong Coalfield of China[J]. International journal of coal geology,2011,86(2/3):190-196.